科学新悦读文丛

e
的故事

一个常数的传奇

第 2 版

[以]
伊莱·马奥尔
（Eli Maor）
著

周昌智 毛兆荣
译

e:

The Story
of a Number

人 民 邮 电 出 版 社
北 京

图书在版编目（CIP）数据

e的故事：一个常数的传奇：第2版 ／（以）伊莱·
马奥尔（Eli Maor）著；周昌智，毛兆荣译. —— 北京：
人民邮电出版社，2018.11
（科学新悦读文丛）
ISBN 978-7-115-48968-5

Ⅰ. ①e⋯ Ⅱ. ①伊⋯ ②周⋯ ③毛⋯ Ⅲ. ①常数—
普及读物 Ⅳ. ①O1-49

中国版本图书馆CIP数据核字(2018)第168691号

◆ 著　　　　[以]伊莱·马奥尔（Eli Maor）
　　译　　　　周昌智　毛兆荣
　　责任编辑　刘　朋
　　责任印制　陈　犇
◆ 人民邮电出版社出版发行　　北京市丰台区成寿寺路 11 号
　　邮编　100164　　电子邮件　315@ptpress.com.cn
　　网址　http://www.ptpress.com.cn
　　北京虎彩文化传播有限公司印刷
◆ 开本：700×1000　1/16
　　印张：16　　　　　　　　　　2018 年 11 月第 1 版
　　字数：216 千字　　　　　　　2024 年 12 月北京第 18 次印刷
　　著作权合同登记号　图字：01-2017-9224 号

定价：49.00 元
读者服务热线：(010)81055410　印装质量热线：(010)81055316
反盗版热线：(010)81055315
广告经营许可证：京东市监广登字 20170147 号

内容提要

本书从对数和微积分的历史入题，讲述了关于自然常数 e 的许多精彩故事，包括一些有趣的历史人物、历史事件和传说，以及数学、物理、生物、音乐等众多领域中与指数函数 e^x 密切相关的各种现象。与这些故事同时介绍的，还有一些著名公式、定理及法则的证明和推导过程。通过阅读本书，读者对数学及其发展历程将有更深的了解和领悟。

本书适合略具数学基础的读者阅读。

"哲学就记载在我们一直都能看到的这本'巨著'（我指的是宇宙）之中，但必须先理解其语言并了解其符号才能领会。它是用数学语言记载的，使用的符号则是三角形、圆以及其他几何图形，没有这些，人类对它就一无所知。"

——伽利略·伽利雷，《试金者》（1623）

谨以此书纪念我的父亲理查德·梅茨格与母亲露易丝·梅茨格。

前　言

　　第一次接触圆周率 π，应该是在我 9 岁或者 10 岁的时候。那一天，我应邀参观父亲朋友的一家工厂。厂房中堆满了各种工具和机器，弥漫着浓重的汽油味。我对这些冷冰冰的家伙毫无兴致，感到百无聊赖。主人似乎敏锐地察觉到了这一点，便把我领到一台有几个调速轮的大机器旁边，然后告诉我，不管轮子多大多小，它们的周长与直径之间的比值总是固定的——约为 $3\frac{1}{7}$。我一下对这个诡异的数充满了好奇，再听他说任何人都无法精确地得到这个比值而只能近似求解时，更是觉得不可思议。这个数非常重要，因此人们专门用一个符号——希腊字母 π 来表示它。我不禁问自己，为什么像圆这么简单的形状会跟这么怪异的数有关联呢？那时的我当然不知道这个怪异的数已经困扰了科学家们近 4000 年，与它相关的某些问题甚至到现在都未曾得到解决。

　　几年后，我升入高二学习代数，另一个奇怪的数勾起了我的兴趣。那时，对数是代数课程中至关重要的一部分。在那个还不知计算器为何物的年代，对于学习高等数学的人来说，对数表是不可或缺的。要完成几百道练习题，还无时无刻不提醒自己别查漏一行或查错一列，真是无聊之至。我们使用的对数称为"常用对数"，它们以 10 为底，说它们"常用"倒也非常自然。不过书中竟然还附了一页"自然对数表"。我问老师，还有什么数比 10 作为对数的底更"自然"呢？老师告诉我，还有一个用字母 e 表示的数，其值约为 2.718 28，它是高等数学的基石。为何是这个奇怪的数呢？在高三学习微积分的时候，我才找到了答案。

这也就意味着圆周率 π 还有一位"同门兄弟"，而且它们的值非常接近，所以人们对它们之间的比较在所难免。后来，又经过了几年的大学学习，我才搞明白这两兄弟之间的关系确实很密切，而且它们的关系因为另一个符号 i 的存在而显得更加扑朔迷离。这里的 i 就是著名的"虚数单位"，即 −1 的平方根。至此，这部"数学剧"的所有主角已悉数登场。

圆周率的故事早已广为流传，一来是因为它的历史可以追溯到远古时代，二来则是由于人们无需太高深的数学知识就可以很好地理解它。或许至今还没有任何一本书比彼得·贝克曼的《π 的历史》（*A History of π*）更通俗易懂、恰到好处。常数 e 的知名度则要逊色很多，这不仅是因为它的出现更晚，更因为它与微积分紧密相关（一般认为微积分是通往高等数学的大门）。据我所知，目前还没有哪本有关 e 的历史的书能够与贝克曼的书相媲美，希望本书能够填补这一缺憾。

我希望略具数学知识的读者都能读懂本书所讲述的 e 的故事。在本书中，我会尽量减少纯数学内容，并将一些证明和推导过程放在附录中。此外，我还会讲述一些有趣的历史事件，并简要介绍许多在 e 的发展史上发挥过重要作用的人物，其中有些人在教科书中很少提及。最重要的是，我还想与大家分享从物理、生物到艺术、音乐等多个领域中与指数函数 $y=e^x$ 有关的各种有意思的现象，这些现象远远超出了数学的范畴。

本书的风格与传统微积分教科书多有不同。比如，为了证明函数 $y=e^x$ 的导数与其自身相等，大多数教科书都是首先通过复杂的推导得到公式 $d(\ln x)/dx=1/x$，然后利用反函数的求导法则得到想要的结果。我一直认为推导过程没必要这么复杂，因为可以直接推导出 $\mathrm{d}e^x/\mathrm{d}x=e^x$（而且速度也要快得多）。具体做法是，首先证明指数函数 $y=b^x$ 的导数与 b^x 成正比，然后寻找合适的 b 值使得比例常数为 1（推导过程见附录 4）。对于高等数学中常见的表达式 $\cos x + i\sin x$，我将其简写为 cis x（读作 "ciss x"），希望这种简洁的写法将来能被人们广泛采用。关于圆函数和双曲函数的类比关系研究，最漂亮的一个结果是 1750 年左右文森佐·黎卡提发现的：从几何上将这两个函数中的独立变量解释为面积，可以使这两个函数在形式上的相关性更为直观。教科书中很少提及这一点，本书将在第 12 章和附录 7 中讨论。

　　我在研究期间发现了一个显而易见的事实：在微积分诞生之前至少半个世纪，常数 e 就已经在数学家的圈子里广为流传了，至少在 1616 年 [①] 出版的由爱德华·赖特翻译成英文的约翰·纳皮尔的对数著作（《奇妙的对数表的描述》）中已经提到了常数 e。怎么会这样呢？一种可能的解释就是，常数 e 的出现与复利的计算公式有关。一定有某个人（我们无法知道是谁，也不知道确切时间）发现了这个有趣的现象：假设本金为 P，年利率为 r，t 年中每年对 P 计算 n 次复利（n 可以无限增加），则由公式 $S=P(1+r/n)^{nt}$ 计算得到的总资金 S 将趋于某一极限值。而当 $P=1$，$r=1$ 且 $t=1$ 时，这个极限值约等于 2.718。这一来源于经验总结而非严格数学推导的结果，必定深深地震惊了 17 世纪初那些还不知道极限概念的数学家。因此，常数 e 和指数函数 $y=e^x$ 很有可能源自于一个平凡的生活实例：存款生息。然而我们必须看到，另外一些问题（比如双曲线 $y=1/x$ 下方区域的面积）也能引出这个常数，这就给 e 的真实起源蒙上了一层神秘的面纱。我们对 e 的另一用途——用作自然对数的底数——要熟悉得多，但这是到了 18 世纪前半叶才由欧拉完成的，他的工作确立了指数函数在微积分中的核心地位。

　　尽管很多资料中的信息常有所冲突，尤其是一些重大发现的先后顺序往往众说纷纭，但我在本书中还是会竭尽所能地提供尽可能准确的人名和日期。17 世纪初是数学空前发展的时期，常常会出现这样的情况：多位科学家彼此

---

① 　原书为 1618 年，有误。——译者注

独立地形成相似的想法，并几乎在同一时间得到相近的结果。那个时期将研究成果发表于科学期刊上的做法并不流行，因此一些伟大发现都是通过书信、小册子或小范围发行的书流传于世的，这也使得我们很难判定到底谁才是真正的发现者或发明者。这种混乱的状态在有关微积分创立问题的争论上达到了顶峰——一些顶尖数学家陷入彼此攻击的论战中，英国的数学在牛顿之后的近一个世纪的时间内一直发展缓慢，不能不说与此有很大关系。

作为一名从事过大学各年级数学教学工作的教师，我非常清楚很多学生对数学这门课程持消极态度。造成这种态度的原因是多方面的，但有一点可以确定，那就是我们的教学方式太深奥、太枯燥。我们总是向学生灌输各种公式、定义、定理和证明，却很少提及这些内容的历史发展过程，让人感觉这些内容就像是直接传承给我们的，具有不容置疑的神秘感。了解数学的发展史有助于消除这种神秘感。我在课堂上就常常穿插一些数学史，简单介绍与公式、定理有关的数学家的故事。本书也在一定程度上采用了这种方法，希望能够达到预期的效果。

在这里，我要特别感谢妻子戴利亚在本书撰写过程中给予我无限的帮助和支持，儿子埃亚勒帮我绘制书中的插图。没有他们，也就不会有这本书。

伊莱·马奥尔

1993 年 1 月 7 日于伊利诺伊州斯科基市

目录

CONTENTS

第 1 章

约翰·纳皮尔

"看起来在数学运算中，最麻烦的莫过于大数字的乘法、除法、开平方和开立方，计算起来特别费事又伤脑筋，于是我开始构思有什么巧妙好用的方法可以解决这些问题。"

——约翰·纳皮尔，《奇妙的对数表的描述》[1]（1614）

在科学史上鲜有像对数这样受到整个科学界狂热追捧的抽象数学概念。人们难以想象，这一天才的创造来源于那个似乎不太靠谱的名叫约翰·纳皮尔的人。[2]

约翰·纳皮尔于 1550 年（具体日期不详）出生于苏格兰爱丁堡附近的小镇梅奇斯顿，是阿奇博尔德·纳皮尔与其第一任妻子简奈特·波斯维尔之子。约翰早年的生活详情现已不得而知，只知道 13 岁时他被送往圣安德鲁斯大学学习宗教，后曾旅居国外一段时间。1571 年，约翰回到故乡与伊丽莎白·斯特林成婚，他们后来育有两子。1579 年，伊丽莎白去世，随后约翰与艾格尼丝·奇泽姆结婚，二人又育有 10 个子女，其中第二个儿子便是后来为约翰整理和撰写相关著作的罗伯特·纳皮尔。1608 年，在阿奇博尔德先生去世后，约翰回到了梅奇斯顿，并成为该城堡的第八世领主，直至终老。[3]

纳皮尔早年的职业几乎与他后来在数学上的创举毫无关系。彼时，他热衷于宗教。作为一个狂热的新教徒和教皇的坚定反对者，他在著作《圣约翰启示录的新发现》中发表了自己的观点，直接将矛头指向天主教教会，指责罗马教皇是反基督者，并且要求苏格兰国王詹姆士六世（后来成为英格兰国王詹姆士一世）清除皇室和宫廷里所有的"天主教徒、无神论者和无信仰人士"[4]。与此同时，他还预测最后审判日将会在 1688～1700 年间降临。这本书先后被翻译成多种语言，共有 21 个版本（在他有生之年就有 10 个版本），这也让他意识到自己还是能够"名垂青史"的。

然而，纳皮尔的兴趣并不仅仅局限于宗教。作为一个地主，他还需要关心如何提高农作物及禽畜的产量，为此他尝试用不同的盐分和肥料来使土壤变得肥沃。1579 年，他发明了一种可以控制煤矿中水位的水压泵。他的另一个浓厚兴趣则是军事，也难怪传言在西班牙国王菲利普二世即将侵略英格兰的时候，他企图依照 1800 年前阿基米德保卫锡拉库扎的计划设计出使敌舰着火的巨镜。他想建造一种可以"清除方圆 4 英里（约 6.44 千米）之内所有高度超过 1 英尺（30.48 厘米）的生物"的大炮、一种可以"清除周遭所有障碍物"的"带有可移动火力点"的战车，甚至还想制造一种可以"潜行于水下、自带驱动系统并配备其他破敌设施"的装置[5]。尽管迄今为止我们都无法得知当时他是否成功地造出了这些武器，但毋庸置疑，这些武器已经具备了现代兵器的雏形。

也正因为纳皮尔具有如此广泛的兴趣，他才成了许多传奇故事的主人公。他似乎是个爱争论的人，经常卷入与邻里或房客的纠纷中。有一个故事说的是，邻居家的鸽子飞到纳皮尔的地里偷食，纳皮尔为此极为愤怒，于是警告邻居，如果再管不住这些鸽子，他就会逮了它们。邻居并不买账，回应纳皮尔"悉听尊便"。次日，邻居便发现自家的鸽子都半死不活地躺在纳皮尔家的草坪上，原来鸽子吃过纳皮尔用烈酒泡过的谷物后全部醉倒了。还有一个故事，纳皮尔怀疑他的仆人暗地里偷他的东西。为了找出小偷，纳皮尔宣称自己的黑公鸡有识别罪犯的特异功能。随后，他要求仆人按顺序进小黑屋轻拍黑公鸡的背，当然他私下已在黑公鸡身上涂了一层烟灰。等所有的仆人出门后摊开双手的那一刻，小偷自然原形毕露，因为只有他的手是干净的——不知情的小偷害怕自己的劣迹被发现而不敢触摸那只"神奇"的黑公鸡。[6]

人们早已淡忘了纳皮尔的这些事迹，包括他狂热的宗教信仰。如果说纳皮尔已经名垂青史的话，那绝不是因为他那本畅销书或是他在机械设计方面的天赋，而是他花费了 20 年才形成的抽象数学概念——对数。

———————————— · ———— · ———— · ————————————

16 世纪至 17 世纪初，各科学领域都在蓬勃发展。地理、物理、天文等突破了古老教条的束缚，急剧地改变着人们的世界观。哥白尼的"日心说"在经过与教会近一个世纪的斗争后终于渐渐被人们所接受。1521 年，麦哲伦的环球旅行宣告了游遍地球每个角落的崭新的大航海时代的到来。1569 年，格哈德·麦卡托发表了为世人所称道的新版世界地图，这对当时的航海定向技术产生了巨大的影响。而在同一时期，意大利人伽利略（1564—1642）奠定了力学的基础，德国人约翰尼斯·开普勒创立了行星运动的三大定律，从此彻底颠覆了中世纪希腊的"地心说"。这些科学发展也带来了庞大的数学计算需求，科学家们不得不花大量时间专注于烦琐的数字运算，他们迫切地需要一种新发明，能够将他们从这些烦琐的运算中解救出来。而此时纳皮尔挺身而出，勇挑重担。

我们无法知道纳皮尔开始时是如何想到这一发明的。他既然精通三角学，无疑也应该对下面的公式非常熟悉。

$$\sin A \times \sin B = \frac{1}{2} \left[\cos(A - B) - \cos(A + B) \right]$$

这个公式及类似的公式 $\cos A \times \cos B$ 和 $\sin A \times \cos B$ 就是大家所熟知的积化和差（来自希腊语 Prosthaphaeretic，意思是"加法与减法"）公式。这一公式的重要性体现在：两个三角函数的乘积（如 $\sin A \times \sin B$）可以用其他三角函数的和或者差表示 [如 $\cos(A-B)$ 与 $\cos(A+B)$]。而加减运算比乘除运算简便得多，因此这个公式也提供了一种原始的运算优化方法，或许就是这个公式激发了纳皮尔的灵感。

与纳皮尔发明有关的另一个更为直接的因素与几何级数有关，几何级数就是有固定公比的、连续的数值序列，例如序列 1, 2, 4, 8, 16,… 就是一个以 2 为公比的几何级数。如果我们将公比表示为 q，则从 1 开始构建得到几何级数 1, q, q^2, q^3,…，第 n 项为 q^{n-1}。其实在纳皮尔之前很久，人们就注意到几何级数的各项与相应的幂（或指数）存在简单的对应关系。德国数学家迈克尔·斯蒂弗尔（1487—1567）在他于 1544 年出版的专著《整数算术》（*Arithmetica Integra*）中将这种关系表述为：如果将序列 1, q, q^2,… 中的任意两项相乘，其结果与我们直接将指数相加所得到的值相同。[7] 例如：$q^2 \times q^3=(q \times q) \times (q \times q \times q)=q \times q \times q \times q \times q=q^5$，而直接将指数 2 和 3 相加，我们也会得到相同的结果。与此类似，在两个数相除的时候，将指数相减即可。例如，$q^5/q^3=(q \times q \times q \times q \times q)/(q \times q \times q)=q \times q=q^2=q^{5-3}$。因此，我们得到 $q^m \times q^n=q^{m+n}$ 和 $q^m/q^n=q^{m-n}$。

但随之出现了另外一个问题：当指数项相减，而减数比被减数大时，如 q^3/q^5，按照上述法则表示为 $q^3/q^5 = q^{-2}$，而这一情形我们在前文中并未定义。因此，为了解决这一问题，我们定义 q^{-n} 即为 $1/q^n$，于是 $q^{3-5}=q^{-2}=1/q^2$，这样也就与上述结果保持一致了。[8] 同时，我们还定义，在 $m=n$ 时，$q^{m-n}=q^0=1$。这样一来，我们就可以在两个方向上将几何级数扩展为无穷大：…, q^{-3}, q^{-2}, q^{-1}, $q^0=1$, q^1, q^2, q^3, …。由此可以看出，数列中的每一项可以分别表示为公比 q 的…, $-3, -2, -1, 0, 1, 2, 3, …$（等差级数，相邻项相差 1）次幂。这就是对数背后的主要思想，但斯蒂弗尔仅仅考虑到指数为整数的情况，而纳皮尔则将指数的范围拓展为连续的值。

他对这一规律的描述为：假如我们能将任何正数写成某个固定值（后来称为底数）的幂，那么计算数的乘除法就可以转换为计算它们指数的加减法。例如，计算一个数的 n 次幂（该数自乘 n 次）等效于将指数相加 n 次（即指数乘以 n）。简而言之，一切算术运算都可以降级为比该运算低一级的运算，从而极大地降低数学运算的复杂度。

为了更形象地描述这一法则的运算规律，我们以 2 为底进一步说明。表 1-1 给出的是以 2 为底，以 n（取 $-3 \sim 12$ 的整数）为指数所构成的几何级数。假设我们要用 32 乘以 128，通过查表我们找到相对应的指数分别为 5 和 7，二者之和为 12；在表中反过来找到指数为 12 的数对应于 4 096，这就是我们想要的答案。再举一个例子，如果要计算 4^5，我们会发现 4 对应的指数为 2，因此我们只要用 2 乘以 5 得到 10，然后从表中找到 10 对应的数为 1 024，所以结果就是 $4^5 = (2^2)^5 = 2^{10} = 1\ 024$。

表 1-1　2 的幂

n	-3	-2	-1	0	1	2	3	4	5	6	7	8	9	10	11	12
2^n	1/8	1/4	1/2	1	2	4	8	16	32	64	128	256	512	1 024	2 048	4 096

当然，这样精密的计算对纯整数运算而言是没有必要的，但对包括整数和分数在内的任意数的计算则非常实用，前提是要找到一个庞大到无所不包的数表。实现这一方法有两种途径：一是以分数作为指数；二是找到一个足够小的数作为底数，使相应的幂缓慢增长。以分数指数为例，我们定义 $a^{m/n} = \sqrt[n]{a^m}$（例如 $2^{5/3} = \sqrt[3]{2^5} = \sqrt[3]{32} \approx 3.174\ 80$）。但纳皮尔时代的人们还没有认识到这一点 [9]，因此他只能选择第二种途径。问题是，选择多小的底数呢？显然不能太小，否则它的幂增长太慢，数表同样会失去实用价值。似乎选择一个接近 1 但又不等于 1 的数比较合适，经过数年的斟酌，纳皮尔决定选用 0.999 999 9，即 $1 - 10^{-7}$。

但为何偏偏选这个数呢？答案似乎可以解释为纳皮尔想尽量避免使用小数。分数到了纳皮尔时代大概已经被使用了几千年，只不过都写成简分数即整数比的形式。小数（它将十进制计数法扩展到了小于 1 的数值）在当时的欧洲才刚刚出现[10]，人们还不适应它。为了避免使用小数，纳皮尔采用了与我们今天将 1 美元分成 100 美分或将 1 千米分成 1000 米相似的做法。他将一个单位分成了许多子单位，并将每个子单位视为新的单位。由于他的主要目的是减少三角运算中烦琐的劳动，他依据实际需要将单位圆的半径分成 10 000 000（即 10^7）份。所以，当我们从一个完整的单位中取走它的 $1/10^7$ 后，就会得到一个与 1 非常接近的数，也就是 $1-10^{-7}$ 或 0.999 999 9。之后，这个数就成了纳皮尔在构建他的表格时使用的公比（他称之为"比例"）。

接下来，他交给自己的任务就是不厌其烦地通过减法运算，得到级数中的每一项。对一个科学家来说，这无疑是一件最没劲的事，但纳皮尔坚持下来了，而且这一坚持就是 20 年（1594—1614）。开始他的表格中只有 101 项：从 $10^7 = 10\ 000\ 000$ 开始，然后依次是 $10^7(1-10^{-7}) = 9\ 999\ 999$，$10^7(1-10^{-7})^2 = 9\ 999\ 998$（忽略了其小数部分 0.0000001），直到 $10^7(1-10^{-7})^{100} = 9\ 999\ 900$（忽略了其小数部分 0.000 495 0）。这些项都是通过前一项减去其 $1/10^7$ 得到的。随后，他又从 10^7 开始重新计算，但这次他选择将上一张表格中的最后一项与第一项的比值，即 9 999 900 : 10 000 000 = 0.999 99 或 $1-10^{-5}$ 作为公比。第二张表共有 51 项，其中最后一项是 $10^7(1-10^{-5})^{50}$，近似为 9 995 001。第三张表共有 21 项，使用比值 9 995 001 : 10 000 000 作为公比，其中最后一项是 $10^7 \times 0.999\ 5^{20}$，近似为 9 900 473。最后，以第三张表中的每一项为基础，纳皮尔计算出了另外一个有 68 项的表，这次选用的公比为 9 900 473 : 10 000 000，近似等于 0.99，最后一项是 $9\ 900\ 473 \times 0.99^{68}$，约等于 4 998 609，与 10^7 的一半很接近。

今天，这样的工作当然可以用计算机完成，即便用计算器也只需几小时就可以算完。但纳皮尔只能用笔和纸来完成所有计算工作，这也让人理解了为何他尽量避免使用小数。用他自己的话说就是："在计算这个级数（第三张表中所有项^①）的过程中，鉴于计算第一张表的首项 10 000 000.000 00 和末项 9 995 001.222 927 的比值非常麻烦，所以在计算这 21 个数时就使用了 9 995 : 10 000^② 这个简单的比例，结果与上述比值还是非常接近的。如果不出现计算错误，那最后一项应当是 9 900 473.578 08。"[11]

在完成了这项不朽的任务后，纳皮尔要做的自然是如何为他的创造命名。起先他将每个幂的指数称为"人工数"，而后又称之为"对数"，意思是"比值"。用现代数学符号表示则是，如果（在第一张表中）$N=10^7(1-10^{-7})^L$，那么指数 L 则是 N 的（纳皮尔）对数。纳皮尔的对数定义与（由莱昂哈德·欧拉于 1727 年确立的）现代对数定义在许多方面都不同。例如，如果 $N=b^L$，其中 b 是不等于 1 的正的常数，那么 L 就是 N（以 b 为底）的对数。因此，在纳皮尔定义的系统中，$L=0$ 对应于 $N=10^7$（即纳皮尔对数 $\log 10^7=0$）。但在现代对数系统中，$L=0$ 对应于 $N=1$（即对数 $\log_b 1=0$）。更重要的是，对数运算的基本规律（例如乘积的对数应等于各自对数之和）在纳皮尔的体系中都是不成立的。最后一点，由于 $1-10^{-7}$ 小于 1，因此在纳皮尔的体系中，对数值单调递减，这与我们的常用对数（以 10 为底）的单调递增刚好相反。然而，这些不同点其实并不能说明什么，它们只是纳皮尔严格要求每个单位必须包含 10^7 个子单位的必然结果。如果他对小数不那么刻意回避，他的定义一定会更加简洁，与现代对数也会更为接近。[12]

事后看来，他对小数的刻意回避让他走了一段弯路。但正因为如此，纳皮尔才会在不知不觉中找到在一个世纪后被认为是自然对数函数的底数、在数学史上地位仅次于圆周率 π 的常数。这个常数就是 $(1+1/n)^n$ 在 n 趋于无穷大时的极限值：e。[13]

---

① 原书为第二张表，有误。——译者注
② 原书为 10 000:9 995，有误。——译者注

第 2 章

认 知

"现代计算的神奇力量源自三大发明：阿拉伯数字、小数以及对数。"

——卡约黎，《数学史》（1893）

　　1614 年，纳皮尔将他的发明用拉丁语写成了一部名为《奇妙的对数表的描述》（*Mirifici logarithmorum canonis descriptio*）的专著（见图 2-1）。后来，他的儿子罗伯特·纳皮尔将他的遗稿整理成文，并于 1619 年发表，题目为《奇妙对数表的构建》（*Mirifici logarithmorum canonis construction*）。科学发展史上很少有像"对数"一样受到狂热追捧的发明，这项发明很快传遍欧洲甚至远达中国，并为广大科学家们所接受，而它的发明者也广受赞誉。天文学家约翰尼斯·开普勒将之应用到复杂而精细的天体运动轨迹运算中并获得了成功，成为此发明的第一个受益者。

　　时任伦敦格雷欣学院几何学教授的亨利·布里格斯（1561—

1631）在得知纳皮尔的对数表后，为之深深着迷，并随即决定亲赴苏格兰与纳皮尔进行面对面的交流。当时的占星师威廉·里利（1602—1681）对此次会面进行了详细的记载。

图 2-1　纳皮尔 1619 年版的《奇妙的对数表的描述》一书封面，
此版本中也包含了《奇妙对数表的构建》一文

　　还有一位出色的数学家和几何学家，名叫约翰·马尔，他听说布里格斯先生要造访纳皮尔，便抢先一步到达苏格兰，希望能与两位大师会面。布里格斯先生事先与纳皮尔约定了在爱丁堡会面的时间，但由于种种原因，他未能准时抵达。纳皮尔对他能否到达表示怀疑："约翰啊，布里格斯先生可能要爽约了。"就在这个时候，外面传来了敲门声。约翰·马尔冲过去把门打开，果然是布里格斯先生。他不禁欣喜万分，马上领着布里格斯先生来到纳皮尔的房间。在见面之后的近 15 分钟时间里，两个人都没有说话，只是钦佩地看着对方。最终，布里格斯先生开口说道："尊敬的领主大人，我不远千里来见您一面，目的是向您请教，是什么样的才智和巧思驱使您一下想到了对数这一对天文学大有裨益的概念？而在您这一伟大发明之前，却没有人能够发现它，尽管现在看来它非常容易。"[1]

在这次会晤中，布里格斯提出了两条让纳皮尔对数表更便于使用的建议：将 1 而非 10^7 的对数值定义为 0，定义 10 的对数值与 10 的某个指数幂值相等。经过多次尝试和讨论，他们最终决定采用 $\lg 10 = 1 = 10^0$。用现代数学语言表述为：如果正数 N 可以表示为 $N = 10^L$，那么 L 是 N 的常用对数，写成 $\log_{10} N$ 或简写为 $\lg N$。底数的概念由此诞生。[2]

纳皮尔欣然接受了这些建议，但由于他年岁已高，没有精力计算新的对数表了。于是布里格斯接手了这项任务，并于 1624 年将成果发表在一本名为《对数的算术》（*Arithmetica logarithmica*）的书中。他的对数表包含了 1 ~ 20 000 以及 90 000 ~ 100 000 的所有整数的以 10 为底的对数，精度达到了小数点后 14 位。而 20 000 ~ 90 000 部分则由荷兰书商艾德里安·弗拉克（1600—1667）在《对数的算术（第 2 版）》（1628）中补全。这一工作成为后续直到 21 世纪所有对数表的基础，300 年来只做过一些小的修改。直到 1914 年，为了庆祝对数发明 300 周年，英国人才开始计算精度为 20 位的新对数表，并于 1949 年完成。

纳皮尔还对数学做出了另外一些贡献。他发明了一种可以完成乘法和除法运算的机械装置，并以他的名字命名为"纳皮尔骨架"；制定了一套用于球面三角函数计算的"纳皮尔相似式"；他还提议使用小数点将数的整数部分与小数部分隔开，这一符号大大简化了小数的书写方式。然而，与对数发明的重要性相比，这些都不值一提。1914 年，对数发明 300 周年的庆典在爱丁堡举行，在庆典上莫尔顿领主说道："对数的发明犹如在黑夜里一道闪电划破长空，没有任何预兆。它未曾借助其他已知的智慧结晶，也未沿袭已存在的数学理念，它就那么突然、孤立而又出人意料地出现了。"[3] 纳皮尔先生于 1617 年 4 月 3 日死于其居所中，后安葬于爱丁堡的圣卡斯伯特教堂，享年 67 岁。[4]

后来，亨利·布里格斯在 1619 年成为牛津大学的第一位萨维尔几何学教授，此后该席位涌现出很多声名显赫的英国科学家，其中包括约翰·瓦利斯（1617—1703）、埃德蒙·哈雷（1656—1742）和克里斯托弗·雷恩（1632—1723）。布里格斯还一直担任着格雷欣学院的主任职务，该职位由英国历史上第一位拥有数学教授职称的托马斯·格雷欣先生于 1596 年创建。布里格斯先生兼任着这两项职务直至 1631 年去世。

还有一个人坚称自己发明了对数，他就是瑞士钟表匠茱斯特·比尔吉（1552—1632）。茱斯特先生也创建了一张与纳皮尔类似的对数表，不过最大的不同在于：纳皮尔使用比 1 略小的 $1-10^{-7}$ 作为公比，而比尔吉用的则是比 1 略大的 $1+10^{-4}$。因此，比尔吉的对数会随着指数的增加而增大，与纳皮尔的对数的变化规律相反。和纳皮尔相似，比尔吉过度关注如何尽量避免小数，这也导致对数的定义过于复杂。如果将一个正整数 N 表示为 $N=10^8(1+10^{-4})^L$，那么比尔吉将数字 $10L$（而非 L）称为与"黑数"N 对应的"红数"。（在他的表格中，"红数"和"黑数"确实都是按照命名方式分别用红色和黑色字体印刷的。）他将"红数"（也就是对数）置于边缘，而将"黑数"放在页面的主体区域以构建"反对数"运算表格。有证据表明，比尔吉先生早在 1588 年便完成了他的发明，这比纳皮尔开始研究对数的时间还要早 6 年。但由于某种原因，他直至 1620 年才在布拉格匿名发表了此对数表。"要么发表，要么灭亡"，这是学术界铁一般的法则，比尔吉最终丧失了这一历史性发明的发表优先权。如今，除了科学史上还有记载外，几乎没有人知道他的名字了。[5]

对数的使用很快在欧洲传播开来，纳皮尔的《奇妙的对数表的描述》一书被爱德华·赖特（1560—1615，英国数学家、设备制造者）翻译成英语，并于 1616 年在伦敦面世。布里格斯和弗拉克的常用对数表则于 1628 年在荷兰出版。与伽利略同时期的数学家、微积分学的先行者卡瓦列里（1598—1647）在意大利推广对数的使用，约翰尼斯·开普勒则在德国进行推广。非常有趣的是，接下来这一发明受到了中国人的喜爱，1653 年波兰传教士穆尼阁（1611—1656）的门徒薛凤祚在他的专著中引入了对数。1713 年（康熙五十一年），弗拉克的对数表在北京被再版于讲述历算的《律历渊源》丛书中。后来，收集了数学基本原理的《数理精蕴》于 1722 年在北京出版，并最终传到了日本。这一切和传教士在中国对西方科学的推广是密不可分的。[6]

在对数被科学界接受后不久，一些有识之士意识到可以用机械装置实现对数计算。基本思想是在直尺上按照对数的大小以一定比例设置刻度。英国牧师埃德蒙·甘特（1581—1626，后来成为格雷欣学院的天文学教授）在1620 年做出了第一个很粗糙的装置，该装置首先用一条对数尺度量距离，然后用圆规对距离进行加减。首先提出用两条可以相对滑动的对数尺来度量距离的是威廉·奥特雷德（1574—1660），他与甘特一样，也是牧师和数学家。奥特雷德可能早在 1622 年就发明了这一装置，但直到 10 年后有关细节才公开发表。实际上，奥特雷德的发明有两个版本：线性滑动的计算尺和圆形滑动的计算尺。其中圆形滑动的两个计算尺把刻度标在两个同轴的转盘上。[7]

虽然奥特雷德并未担任任何大学的正式职务，但他对数学的贡献是举世瞩目的。在最有影响力的关于算术和代数的著作《数学之钥》（*Clavis Mathematicae*，1631）中，他引入了许多新的数学符号，有些符号直到现在仍在使用。其中包括乘法符号 ×，因其与字母 *x* 相似曾遭到莱布尼茨的反对，另外还有两种偶尔可见的符号，分别是用以表示比例的 :: 和表示减法运算的 ~。如今，数学中的大量符号对我们来说似乎是自然而然的，但其实每一个符号都有自己的历史，并且通常都反映出那个时期的数学发展水平。有些符号是数学家即兴发明的，但多数符号都是逐渐演化而来的，奥特雷德在这个演化过程中起到了主要作用。还有一位数学家也对数学符号的改进做出了巨大贡献，他就是在本书后面要详细介绍的莱昂哈德·欧拉。

奥特雷德的一生有许多故事。在剑桥国王学院读书的时候，他日夜扑在功课上，正如他自己所描述的那样："在那段学习数学的时间里，我把黑夜一个个地从睡眠中夺回，把身体驯服到完全适应紧张、寒冷和劳苦的状态，而此时其他人大多仍在梦乡中。"[8] 在约翰·奥布里的趣味作品《名人小传》（*Brief Lives*）中也有一段对奥特雷德生活的精彩描述（不一定真实可信）。

> 他身材矮小、头发乌黑，乌溜溜的黑眼珠显得非常有神，而大脑总是处于工作状态。他会在尘土上画线绘图……经常睡到中午十一二点，夜里学习到很晚，11 点之前从不上床。打火匣常伴身边，堆在床头最上面的总是他紧盖着的墨水瓶。他的睡眠时间非常少，有时候连续两三个晚上不睡觉。[9]

虽然这些作息习惯没有一条不违背健康生活法则，奥特雷德仍然活到了86 岁，据说是听说查理二世重登王位后高兴而死的。

就对数而言，对计算尺发明第一人的争执一直没有停止过。1630年，奥特雷德的一位学生理查德·德莱曼发表了一本名为《数学计算环》（*Grammelogia* 或 *The Mathematicall Ring*）的小册子，其中描述了他发明的圆形计算尺。在书的前言中，他向查理一世国王（德莱曼曾给查理一世寄过一把计算尺和一本书）描绘这一装置的易用性："很好用……如以马代步。"[10] 他及时为这一发明申请了专利，以确保他的版权和历史地位。然而，奥特雷德的另一位学生威廉·福斯特则声称他早些年就在德莱曼的家中亲眼看到了奥特雷德的圆形计算尺，实际上是暗示德莱曼从奥特雷德那里剽窃了创意。接下来的那些反反复复的控告与反控告可想而知，毕竟对一个科学家的声望而言，没有什么比剽窃的罪名更具毁灭性了。现在人们普遍认为奥特雷德是圆形计算尺的发明者，但是也没有证据能够支持福斯特对德莱曼剽窃创意的指责。无论如何，这场辩论已被人们遗忘了，因为没过多久，另一场更为激烈的争辩围绕另一项意义更为深远的发明（微积分）轰轰烈烈地展开了。

各种各样的计算尺在此后的 350 年中成了每个科学家和工程师的忠诚伙伴，父母们总是自豪地将它们送给刚刚大学毕业的儿女。20 世纪 70 年代初，第一款手持计算器面世，在此后的 10 年中计算尺逐渐被废弃。1980 年，美国科学运算设备的顶级制造商 Keuffel & Esser 宣布停止生产所有计算尺，而该公司正是因为计算尺才从 1891 年开始出名的。[11] 对数表的境遇则要稍好一些，人们依然可以在代数学教材的最后找到它们，这默默地告诉我们，那段属于它们的辉煌时代已经一去不返了。不久以后，它们也会成为历史。

不过，就算对数失去了在计算数学中的核心地位，对数函数仍然是几乎所有数学分支的核心，无论是纯数学还是应用数学，它出现在从物理学、化学到生物学、心理学和音乐的各种实际应用中。当代艺术家埃舍尔甚至将伪装成螺旋状的对数函数作为其许多作品的主题（见第 11 章）。

———————————— ● ——— ● ——— ● ————————————

在爱德华·赖特翻译的《奇妙的对数表的描述（第 2 版）》的译著（伦敦，1618）中，有一个附录可能是奥特雷德完成的。其中有与 $\log_e 10 = 2.302\ 585$ 等价的表述。[12] 这似乎是对常数 e 在数学中所扮演角色的第一次明确认知。但这个数从何而来呢？它的重要性究竟在哪里？要回答这些问题，必须回到那个初看起来与指数和对数毫无关系的问题：财务中的数学。

对数运算

对多数人（至少是那些在1980年后完成大学学业的人）而言，对数是一个理论性的主题，在代数学入门课程中是函数概念的一部分。但直到20世纪70年代末期，对数依然被广泛应用于计算设备中，实际上与1624年布里格斯的常用对数无异。手持计算器的出现则将它们彻底淘汰。

假设现在是1970年，我们需要计算如下表达式：

$$x = \sqrt[3]{493.8 \times 23.67^2 / 5.104}$$

为此，我们需要用到4位的常用对数表（在大多数代数学教科书的最后还可以找到），还需要用到下面的对数运算法则：

$$\lg(ab) = \lg a + \lg b$$

$$\lg(a/b) = \lg a - \lg b$$

$$\lg a^n = n\lg a$$

其中a和b是任意正数，n为任意实数，而"lg"则表示常用对数（也就是以10为底的对数），不过也可以使用基于其他底数的对数表。

在开始计算之前，回忆一下对数的定义：如果一个正数N可

以写成 $N=10^L$ 的形式，那么 L 就是 N 的对数（以 10 为底），表示为 $\lg N$。因此，表达式 $N=10^L$ 与 $L=\lg N$ 实际上是等价的，因为它们给出的信息完全一样。由于有 $1=10^0$ 和 $10=10^1$，我们可以得到 $\lg 1=0$ 和 $\lg 10=1$。因此，对于 1（包括 1）和 10（不包括 10）之间的任何数，其对数都是一个正的小数（或者 0），也就是一个可以写成 $0.abc\cdots$ 形式的数。类似地，对于 10（包括 10）和 100（不包括 100）之间的任何数，其对数都是 $1.abc\cdots$ 形式的数，依此类推。归纳如下：

N 的范围	$\lg N$
$1 \leqslant N < 10,$	$0.abc\cdots$
$10 \leqslant N < 100,$	$1.abc\cdots$
$100 \leqslant N < 1\,000,$	$2.abc\cdots$
$\cdots$	

（这张表格可以向小数部分推算，但这里我们为了方便讨论而将其略去。）所以，如果一个对数可以写成形如 $\lg N=p.abc\cdots$ 的形式，那么从整数 p 可以知道 N 处在什么样的（10 的幂）范围内。例如，如果知道 $\lg N=3.456$，就可以推算出 N 位于 1 000 和 10 000 之间，而 N 的具体值则由对数的小数部分 $0.abc\cdots$ 所决定。对数 $\lg N$ 的整数部分 p 被称为**首数**（characteristic），而小数部分 $0.abc\cdots$ 则被称为**尾数**（mantissa）。[13] 对数表通常只会给出尾数部分，而首数部分则由用户自己确定。注意，如果两个对数的尾数相同而首数不同，则对应的两个 N 位数相同，但小数点的位置不同。例如，$\lg N=0.267$ 对应于 $N=1.849$，而 $\lg N=1.267$ 则对应于 $N=18.49$。如果写成指数形式就很清晰了：$10^{0.267}=1.849$，$10^{1.267}=10\times10^{0.267}=10\times1.849=18.49$。

现在我们可以开始计算（前面的表达式）了。首先，我们将 x 写成更适合对数运算的形式——把方根替换为分数形式的指数：

$$x=(493.8\times23.67^2/5.104)^{1/3}$$

对等式两边同时取对数，可得：

$$\lg x = (1/3)(\lg 493.8 + 2\lg 23.67 - \lg 5.104)$$

将表格中"比例部分"的值加到主表格给出的值上，我们就可以得到每个数的对数值。所以，要找到 lg 493.8 对应的值，我们先要找到 49 开头的行，然后向右移动到 3 起头的列（对应的数为 6 928），接着查找比例部分 8 起头的列，得到 7，把 7 加到 6 928 上就得到 6 935。由于 493.8 位于 100 和 1 000 之间，所以首数是 2，从而我们得到 lg 493.8＝2.693 5。类似地，我们可以查到其他数的对数值。用表格来完成计算比较方便（参见表 2–1 和表 2–2）。

N	$\lg N$
23.67 →	1.374 2
	× 2
	2.748 4
493.8 →	+2.693 5
	5.441 9
5.104 →	−0.707 9
	4.734 0 ÷ 3
答案：37.84 ←	1.578 0

表 2-1　四位对数运算表格

N	0	1	2	3	4	5	6	7	8	9	1	2	3	4	5	6	7	8	9
															Proportional Parts				
10	0000	0043	0086	0128	0170	0212	0253	0294	0334	0374	4	8	12	17	21	25	29	33	37
11	0414	0453	0492	0531	0569	0607	0645	0682	0719	0755	4	8	11	15	19	23	26	30	34
12	0792	0828	0864	0899	0934	0969	1004	1038	1072	1106	3	7	10	14	17	21	24	28	31
13	1139	1173	1206	1239	1271	1303	1335	1367	1399	1430	3	6	10	13	16	19	23	26	29
14	1461	1492	1523	1553	1584	1614	1644	1673	1703	1732	3	6	9	12	15	18	21	24	27
15	1761	1790	1818	1847	1875	1903	1931	1959	1987	2014	3	6	8	11	14	17	20	22	25
16	2041	2068	2095	2122	2148	2175	2201	2227	2253	2279	3	5	8	11	13	16	18	21	24
17	2304	2330	2355	2380	2405	2430	2455	2480	2504	2529	2	5	7	10	12	15	17	20	22
18	2553	2577	2601	2625	2648	2672	2695	2718	2742	2765	2	5	7	9	12	14	16	19	21
19	2788	2810	2833	2856	2878	2900	2923	2945	2967	2989	2	4	7	9	11	13	16	18	20
20	3010	3032	3054	3075	3096	3118	3139	3160	3181	3201	2	4	6	8	11	13	15	17	19
21	3222	3243	3263	3284	3304	3324	3345	3365	3385	3404	2	4	6	8	10	12	14	16	18
22	3424	3444	3464	3483	3502	3522	3541	3560	3579	3598	2	4	6	8	10	12	14	15	17
23	3617	3636	3655	3674	3692	3711	3729	3747	3766	3784	2	4	6	7	9	11	13	15	17
24	3802	3820	3838	3856	3874	3892	3909	3927	3945	3962	2	4	5	7	9	11	12	14	16
25	3979	3997	4014	4031	4048	4065	4082	4099	4116	4133	2	3	5	7	9	10	12	14	15
26	4150	4166	4183	4200	4216	4232	4249	4265	4281	4298	2	3	5	7	8	10	11	13	15
27	4314	4330	4346	4362	4378	4393	4409	4425	4440	4456	2	3	5	6	8	9	11	13	14
28	4472	4487	4502	4518	4533	4548	4564	4579	4594	4609	2	3	5	6	8	9	11	12	14
29	4624	4639	4654	4669	4683	4698	4713	4728	4742	4757	1	3	4	6	7	9	10	12	13
30	4771	4786	4800	4814	4829	4843	4857	4871	4886	4900	1	3	4	6	7	9	10	11	13
31	4914	4928	4942	4955	4969	4983	4997	5011	5024	5038	1	3	4	6	7	8	10	11	12
32	5051	5065	5079	5092	5105	5119	5132	5145	5159	5172	1	3	4	5	7	8	9	11	12
33	5185	5198	5211	5224	5237	5250	5263	5276	5289	5302	1	3	4	5	6	8	9	10	12
34	5315	5328	5340	5353	5366	5378	5391	5403	5416	5428	1	3	4	5	6	8	9	10	11
35	5441	5453	5465	5478	5490	5502	5514	5527	5539	5551	1	2	4	5	6	7	9	10	11
36	5563	5575	5587	5599	5611	5623	5635	5647	5658	5670	1	2	4	5	6	7	8	10	11
37	5682	5694	5705	5717	5729	5740	5752	5763	5775	5786	1	2	3	5	6	7	8	9	10
38	5798	5809	5821	5832	5843	5855	5866	5877	5888	5899	1	2	3	5	6	7	8	9	10
39	5911	5922	5933	5944	5955	5966	5977	5988	5999	6010	1	2	3	4	5	7	8	9	10
40	6021	6031	6042	6053	6064	6075	6085	6096	6107	6117	1	2	3	4	5	6	8	9	10
41	6128	6138	6149	6160	6170	6180	6191	6201	6212	6222	1	2	3	4	5	6	7	8	9
42	6232	6243	6253	6263	6274	6284	6294	6304	6314	6325	1	2	3	4	5	6	7	8	9
43	6335	6345	6355	6365	6375	6385	6395	6405	6415	6425	1	2	3	4	5	6	7	8	9
44	6435	6444	6454	6464	6474	6484	6493	6503	6513	6522	1	2	3	4	5	6	7	8	9
45	6532	6542	6551	6561	6571	6580	6590	6599	6609	6618	1	2	3	4	5	6	7	8	9
46	6628	6637	6646	6656	6665	6675	6684	6693	6702	6712	1	2	3	4	5	6	7	7	8
47	6721	6730	6739	6749	6758	6767	6776	6785	6794	6803	1	2	3	4	5	5	6	7	8
48	6812	6821	6830	6839	6848	6857	6866	6875	6884	6893	1	2	3	4	4	5	6	7	8
49	6902	6911	6920	6928	6937	6946	6955	6964	6972	6981	1	2	3	4	4	5	7	7	8
50	6990	6998	7007	7016	7024	7033	7042	7050	7059	7067	1	2	3	3	4	5	6	7	8
51	7076	7084	7093	7101	7110	7118	7126	7135	7143	7152	1	2	3	3	4	5	6	7	8
52	7160	7168	7177	7185	7193	7202	7210	7218	7226	7235	1	2	2	3	4	5	6	7	7
53	7243	7251	7259	7267	7275	7284	7292	7300	7308	7316	1	2	2	3	4	5	6	6	7
54	7324	7332	7340	7348	7356	7364	7372	7380	7388	7396	1	2	2	3	4	5	6	6	7
N	0	1	2	3	4	5	6	7	8	9	1	2	3	4	5	6	7	8	9

最后一步需要用到反对数（也就是对数的逆运算）表格。我们在表格中查到尾数 0.578 0 所对应的数值为 3 784。由于 1.578 0 的首数是 1，我们可以推知这个数应当在 10 和 100 之间。所以 $x=37.84$，小数点后保留两位。

表2-2 四位反对数运算表格

p	0	1	2	3	4	5	6	7	8	9	Proportional Parts								
											1	2	3	4	5	6	7	8	9
.50	3162	3170	3177	3184	3192	3199	3206	3214	3221	3228	1	1	2	3	4	4	5	6	7
.51	3236	3243	3251	3258	3266	3273	3281	3289	3296	3304	1	2	2	3	4	5	5	6	7
.52	3311	3319	3327	3334	3342	3350	3357	3365	3373	3381	1	2	2	3	4	5	5	6	7
.53	3388	3396	3404	3412	3420	3428	3436	3443	3451	3459	1	2	2	3	4	5	6	6	7
.54	3467	3475	3483	3491	3499	3508	3516	3524	3532	3540	1	2	2	3	4	5	6	6	7
.55	3548	3556	3565	3573	3581	3589	3597	3606	3614	3622	1	2	2	3	4	5	6	7	7
.56	3631	3639	3648	3656	3664	3673	3681	3690	3698	3707	1	2	3	3	4	5	6	7	8
.57	3715	3724	3733	3741	3750	3758	3767	3776	3784	3793	1	2	3	3	4	5	6	7	8
.58	3802	3811	3819	3828	3837	3846	3855	3864	3873	3882	1	2	3	4	4	5	6	7	8
.59	3890	3899	3908	3917	3926	3936	3945	3954	3963	3972	1	2	3	4	5	5	6	7	8
.60	3981	3990	3999	4009	4018	4027	4036	4046	4055	4064	1	2	3	4	5	6	6	7	8
.61	4074	4083	4093	4102	4111	4121	4130	4140	4150	4159	1	2	3	4	5	6	7	8	9
.62	4169	4178	4188	4198	4207	4217	4227	4236	4246	4256	1	2	3	4	5	6	7	8	9
.63	4266	4276	4285	4295	4305	4315	4325	4335	4345	4355	1	2	3	4	5	6	7	8	9
.64	4365	4375	4385	4395	4406	4416	4426	4436	4446	4457	1	2	3	4	5	6	7	8	9
.65	4467	4477	4487	4498	4508	4519	4529	4539	4550	4560	1	2	3	4	5	6	7	8	9
.66	4571	4581	4592	4603	4613	4624	4634	4645	4656	4667	1	2	3	4	5	6	7	9	10
.67	4677	4688	4699	4710	4721	4732	4742	4753	4764	4775	1	2	3	4	5	7	8	9	10
.68	4786	4797	4808	4819	4831	4842	4853	4864	4875	4887	1	2	3	4	6	7	8	9	10
.69	4898	4909	4920	4932	4943	4955	4966	4977	4989	5000	1	2	3	5	6	7	8	9	10
.70	5012	5023	5035	5047	5058	5070	5082	5093	5105	5117	1	2	4	5	6	7	8	9	11
.71	5129	5140	5152	5164	5176	5188	5200	5212	5224	5236	1	2	4	5	6	7	8	10	11
.72	5248	5260	5272	5284	5297	5309	5321	5333	5346	5358	1	2	4	5	6	7	9	10	11
.73	5370	5383	5395	5408	5420	5433	5445	5458	5470	5483	1	3	4	5	6	8	9	10	11
.74	5495	5508	5521	5534	5546	5559	5572	5585	5598	5610	1	3	4	5	6	8	9	10	12
.75	5623	5636	5649	5662	5675	5689	5702	5715	5728	5741	1	3	4	5	7	8	9	10	12
.76	5754	5768	5781	5794	5808	5821	5834	5848	5861	5875	1	3	4	5	7	8	9	11	12
.77	5888	5902	5916	5929	5943	5957	5970	5984	5998	6012	1	3	4	5	7	8	10	11	12
.78	6026	6039	6053	6067	6081	6095	6109	6124	6138	6152	1	3	4	6	7	8	10	11	13
.79	6166	6180	6194	6209	6223	6237	6252	6266	6281	6295	1	3	4	6	7	9	10	11	13
.80	6310	6324	6339	6353	6368	6383	6397	6412	6427	6442	1	3	4	6	7	9	10	12	13
.81	6457	6471	6486	6501	6516	6531	6546	6561	6577	6592	2	3	5	6	8	9	11	12	14
.82	6607	6622	6637	6653	6668	6683	6699	6714	6730	6745	2	3	5	6	8	9	11	12	14
.83	6761	6776	6792	6808	6823	6839	6855	6871	6887	6902	2	3	5	6	8	9	11	13	14
.84	6918	6934	6950	6966	6982	6998	7015	7031	7047	7063	2	3	5	6	8	10	11	13	15
.85	7079	7096	7112	7129	7145	7161	7178	7194	7211	7228	2	3	5	7	8	10	12	13	15
.86	7244	7261	7278	7295	7311	7328	7345	7362	7379	7396	2	3	5	7	8	10	12	13	15
.87	7413	7430	7447	7464	7482	7499	7516	7534	7551	7568	2	3	5	7	9	10	12	14	16
.88	7586	7603	7621	7638	7656	7674	7691	7709	7727	7745	2	4	5	7	9	11	12	14	16
.89	7762	7780	7798	7816	7834	7852	7870	7889	7907	7925	2	4	5	7	9	11	13	14	16
.90	7943	7962	7980	7998	8017	8035	8054	8072	8091	8110	2	4	6	7	9	11	13	15	17
.91	8128	8147	8166	8185	8204	8222	8241	8260	8279	8299	2	4	6	8	9	11	13	15	17
.92	8318	8337	8356	8375	8395	8414	8433	8453	8472	8492	2	4	6	8	10	12	14	15	17
.93	8511	8531	8551	8570	8590	8610	8630	8650	8670	8690	2	4	6	8	10	12	14	16	18
.94	8710	8730	8750	8770	8790	8810	8831	8851	8872	8892	2	4	6	8	10	12	14	16	18
.95	8913	8933	8954	8974	8995	9016	9036	9057	9078	9099	2	4	6	8	10	12	14	17	19
.96	9120	9141	9162	9183	9204	9226	9247	9268	9290	9311	2	4	6	8	11	13	15	17	19
.97	9333	9354	9376	9397	9419	9441	9462	9484	9506	9528	2	4	7	9	11	13	15	17	20
.98	9550	9572	9594	9616	9638	9661	9683	9705	9727	9750	2	4	7	9	11	13	16	18	20
.99	9772	9795	9817	9840	9863	9886	9908	9931	9954	9977	2	5	7	9	11	14	16	18	20
p	0	1	2	3	4	5	6	7	8	9	1	2	3	4	5	6	7	8	9

听起来很复杂吧？如果你习惯使用计算器的话，确实如此。有了一些经验之后，上面的运算可以在两三分钟内完成；而用计算器的话，应当几秒就能完成（可以得到具有 6 位小数的结果 37.845 331）。但千万不要忘记，从发明对数的 1614 年到 20 世纪 40 年代发明电子计算机期间，人们只能用对

数表或者等价的机械装置（对数计算尺）来完成这种运算。这也难怪科学界会对它们拥有如此高的热情。正如著名数学家皮埃尔·西蒙·拉普拉斯（1749—1827）所说的："对数的发明减少了劳动量，使天文学家的寿命加倍了。"

第 3 章

财务问题

"我民中有贫穷人与你同住，你若借钱给他，不可如
放债的向他取利。"

——《出埃及记》

早在远古时代，金钱问题就成为人们关注的中心话题。人们
生活中再没有比追求富贵和保障财产安全更现实的问题了。因此，
当某个姓名不详的数学家（也可能是商人或者放债人）在 17 世
纪初发现，资金增长与某个数学表达式趋于无穷时的值之间存在
某种奇妙的关联时，人们一定都感到非常意外。

对金钱考虑得最多的方面基本就是利息和偿还贷款。从人类
有历史记录开始，就可以找到关于对借款收取利息的记载。实际
上，我们所知的许多早期数学文献处理的都是与利息有关的问题。
例如，现存于罗浮宫的一块约公元前 1700 年的美索不达米亚泥
板 ① 就描述了这么一个问题：需要多久才能使年复利为 20% 的本

---

① 巴比伦人用于记载文字的载体。——译者注

金翻倍呢？[1] 用代数学的语言来描述这个问题，就是在每年年末总金额都会增长 20%，即增长因数是 1.2，所以在 x 年后，总金额增长为 1.2^x。要使这个总金额是原来数值的两倍，就得到方程 $1.2^x=2$（注意：本金数值并没有出现在这个等式中）。

现在要解这个方程，就得把 x 从指数位置取下来，我们必须采用对数运算，但巴比伦人并不知道对数为何物。尽管如此，他们还是找到了一个近似解法。他们注意到 $1.2^3=1.728$ 而 $1.2^4=2.073\ 6$，所以 x 一定是一个介于 3 和 4 之间的值。为了进一步缩小 x 的范围，他们采用了线性插值的方法：寻找 3 和 4 之间的一个数，它与 3 和 4 之间距离的比值跟 2 与 1.728 和 2.073 6 之间距离的比值一样。这样得到 x 的线性（第一阶）方程后，就可以用基本的代数计算方法求解了。但是，巴比伦人并不懂现代代数学，所以对他们而言，要得到准确解绝非易事。然而，他们的答案是 $x=3.787\ 0$，这与正确值 3.801 8（也就是约 3 年 9 个月 18 天）已经非常接近了。需要注意的是，巴比伦人采用的并不是我们的十进制，十进制直到中世纪早期才被欧洲人广泛使用。巴比伦人采用的是**六十进制**，也就是以 60 为基数的进制。所以，罗浮宫那块泥板上给出的答案是六十进制的 3;47,13,20，即 $3+47/60+13/60^2+20/60^3$，这个值近似于 3.787 0。[2]

从某种角度来看，巴比伦人确实使用过一种勉强算得上对数表的表格。现存的一些泥板中列出了 1/36、1/16、9 和 16（前两个数用六十进制分别表示为 0;1,40 和 0;3,45）的前 10 个幂值，它们都是完全平方数。由于表格中列出的是乘方运算的值而非指数形式，所以它实质上是一张反对数运算表格，只不过巴比伦人并不是使用一个标准的底数来进行乘方计算的。编制这些表格的目的似乎是为了处理与复利有关的特定问题，而不是为了一般性的使用。[3]

让我们来简单解释一下什么是复利。假设我们向一个账户存入 100 元（本金），年利率为 5%，每年计算一次复利。在第一年年末，账户上就会有 100 元 ×1.05=105 元。这时银行就会自动将这个金额作为本金，

重新计算新一年的利息。在第二年年末时，账户的余额将会变成 105 元
×1.05＝110.25 元，而在第三年年末的时候是 110.25 元 ×1.05≈115.76 元，
依此类推。(所以，不仅仅是开始的本金被用来计算利息，由本金获得的利
息也会产生利息，因此叫作 "复合型利息"，简称 "复利"。) 我们可以看到
账户余额以 1.05 为公比呈几何级数增长。相比之下，单利形式的账户每年
只能获得相等的利息回报。如果以 100 元的本金投资单利，年利率也是 5%，
那么账户的金额会每年多 5 元钱，以等差数列增长：100、105、110、115，
等等。显然，不管利率是多少，复利的收益都要比单利来得快。

从这个例子我们不难看出普遍规律。假设我们将本金 P 元存入账户，获
取的复利年利率是 r（为了计算方便，这里的 r 表示的是小数，例如 0.05，
而不是 5% 中的 5）。这样一来，第一年年末账户中的金额将变为 $P(1+r)$，
第二年年末的时候是 $P(1+r)^2$，依此类推，直到第 t 年年末，账户余额是
$P(1+r)^t$。如果用 S 来表示账户中的总金额，那么我们可以得到公式：

$$S = P(1+r)^t \qquad\qquad (1)$$

这个公式实际上是一切财务计算的基础，常被用在银行存款、贷款、抵
押和养老金等多种业务的计算上。

有些银行在一年内并非只计一次利息，而是计算好几次。例如，如果一
家银行的复利存款年利率是 5%，每半年结算一次，那么银行就会将年利率
的一半称为期利率。因此，一年内 100 元的本金以复利计算了两次，每次的
利率是 2.5%，那么总金额就增长为 100 元 ×1.025²，也就是 105.062 5 元，
比年利率同为 5% 的一年一次的复利存款多了 6 分钱。

在银行业有人发现了各种复利计算的规律，不管是一年期、半年期、三
月期、一周期，甚至一天期。假设一年内银行计算复利的次数是 n，那么按
照常规，银行会把年利率除以 n 作为每次结算的利率，也就是 r/n。在 t 年内，
银行会结算 nt 次，这样本金 P 在 t 年内将增长为：

$$S = P(1+r/n)^{nt} \qquad\qquad (2)$$

显然式 (1) 是式 (2) 在 $n=1$ 时的特例。

比较一年内相同本金、相同年利率但不同结算次数所获得的收益非常有意思。还是用具体例子说明吧：本金 $P=100$，年利率 $r=5\%$，也就是 $r=0.05$。此时手持计算器能派上用场。如果计算器有乘方运算功能（通常用 y^x 来表示），我们就可以用它直接得到我们想要的结果，否则就得多次相乘才能获得结果。相应的计算结果如表 3-1 所示，非常有趣。从中我们可以看出，100 元的本金每天结算一次只比一年结算一次多了 0.13 元，只比按月结算或者按周结算多了约 0.01 元。所以选择何种形式的存款对我们而言差别不大 [4]。

表 3-1   100 元本金存复利率为 5% 的一年期时，
不同的结算周期对存款收益的影响

结算周期	n	r/n	S（元）
一年	1	0.05	105.00
半年	2	0.025	105.06
季度	4	0.012 5	105.09
月	12	0.004 166	105.12
周	52	0.000 961 5	105.12
日	365	0.000 137 0	105.13

为了更深入地探索这个问题，我们考虑式 (2) 的一个特例，即 $r=1$。也就是说，年利率是 100%，当然还没有哪个银行会慷慨到如此地步。我们需要清醒地认识到，这不是实际情况，而是为了得到广泛的数学结论而提出的假设。为简便起见，选择 $P=1$，$t=1$。式 (2) 此时表示为：

$$S = (1+1/n)^n \tag{3}$$

我们的主要目的是研究 n 增加对式 (3) 的影响。相应的结果如表 3-2 所示。

表3-2　1元本金存复利率为 100% 的一年期时，不同的结算方式对存款收益的影响

n	$(1+1/n)^n$	n	$(1+1/n)^n$
1	2	100	2.704 81
2	2.25	1 000	2.716 92
3	2.370 37	10 000	2.718 15
4	2.441 41	100 000	2.718 27
5	2.488 32	1 000 000	2.718 28
10	2.593 74	10 000 000	2.718 28
50	2.691 59		

从表中可以看出，随着 n 的增加，它对结果的影响却越来越小。

无论 n 为多少，都会这样吗？是否存在这么一种情形：不管 n 怎么增大，$(1+1/n)^n$ 的值只是趋近于 2.718 28。这一奇妙的猜想已经通过数学分析被证明了（见附录 2）。我们至今也不知道是谁第一个发现了 n 趋向于无限大时表达式 $(1+1/n)^n$ 的规律，所以发现这个后来用 e 来表示的数的具体时间至今仍然是个谜。不过，很有可能是在纳皮尔发明对数的 17 世纪初。（目前所知，爱德华在 1618 年翻译出版纳皮尔的著作《奇妙的对数表的描述（第 2 版）》时间接引用过 e。）这一时期的国际贸易恰好空前发展，各种金融业务也随之激增。因此，复利中的规律引起了人们的注意，这也可能是常数 e 刚被认可时的背景。然而在接下来的内容中我们还可以看到，同时期的另外一些与复利无关的问题也引出了这个数字 e。只是在这之前，我们需要关注一下与 e 相关的数学运算的根本：极限运算。

第4章

若极限存在，则达之

> 我曾看到一个数在变得无限大后从正跳变为负，如金星凌日那般。我亲眼所见……只是那是在晚餐后，我任它远去了。
>
> ——温斯顿·丘吉尔，《我的早年生活》（1930）

乍一看，表达式 $(1+1/n)^n$ 在 n 很大时的规律确实很令人费解。如果我们只考虑表达式中的底数 $1+1/n$，当 n 逐渐增大时，$1/n$ 越来越接近 0，因此 $1+1/n$ 越来越接近 1，但始终比 1 大。所以我们可能会得出这样的结论：当指数 n 非常大时（不管"非常大"是多大），无论出于何种目的，$1+1/n$ 都可以用 1 来代替。而 1 的任意乘方都等于 1，所以表达式 $(1+1/n)^n$ 在 n 非常大时应该接近于 1。但如果真是这样，就没有必要继续讨论这个话题了。

从另一个角度来考虑。我们知道当底数比 1 大时，相应的幂会随着指数的增大而增大。由于 $1+1/n$ 总是比 1 大，我们又可能会得出如下结论：当 n 很大时，$(1+1/n)^n$ 的值可以无限增大，即趋向无穷大。如果真是这样，我们的故事又可以结束了。

上述两种推理都存在明显的漏洞，因为依据上述方法我们不难得到两种不同的结果：1 和无穷大。在数学上，不管采用怎样的方法，任何有效的数值运算的最终结果都应当是相同的。例如，计算表达式 $2 \times (3+4)$ 时，可以先把 3 和 4 相加得 7，然后乘以 2，也可以将 3 和 4 分别乘以 2 后再相加，两种方法计算的结果都是 14。那么，为什么对 $(1+1/n)^n$ 会得到两种不同的结果呢？

问题出在"有效"二字上。在采用两种方法计算表达式 $2 \times (3+4)$ 时，我们实际上遵循了代数学中的分配律，也就是说对于任意的 3 个数 x、y、z，表达式 $x \times (y+z) = x \times y + x \times z$ 始终成立。等式从左至右的运算是有效的。举个无效运算的例子，$\sqrt{9+16} = 3+4 = 7$，这是刚学习代数的学生常犯的错误。错误的原因是开方运算并不适用分配律。这个算式唯一的解法是先将根号下的两个数相加，然后再进行开方运算：$\sqrt{9+16} = \sqrt{25} = 5$。我们对表达式 $(1+1/n)^n$ 的处理也是无效的，因为我们搞错了数学分析中最基本的一个概念：极限。

当我们说序列 a_1, a_2, a_3, $\cdots$, a_n, $\cdots$ 在 n 趋于无穷大时，a_n 趋于极限值 L，意味着随着 n 的逐渐增大，序列中的项与数 L 越来越接近。换句话说，通过选择足够大的 n，我们可以使 a_n 与 L 之间的差（用绝对值表示）尽可能地小。例如，序列 1, 1/2, 1/3, 1/4, $\cdots$ 的通项是 $a_n = 1/n$。随着 n 的增大，序列中的项越来越接近 0。也就是说，如果我们选择足够大的 n，$1/n$ 和极限值 0 之间的差（也就是 $1/n$）可以变得任意小。例如，如果要让 $1/n$ 比 $1/1\,000$ 小，只需要使 n 比 $1\,000$ 大即可；如果要让 $1/n$ 比 $1/1\,000\,000$ 小，只需要使 n 比 $1\,000\,000$ 大即可。这种现象可以表述为，随着 n 的无限增大，$1/n$ 趋近于 0，记作 $n \to \infty$ 时 $1/n \to 0$，或者简单表示为：

$$\lim_{n \to \infty} \frac{1}{n} = 0$$

需要特别指出的是：表达式 $\lim\limits_{n\to\infty}\dfrac{1}{n}=0$ 表示的是在 $n\to\infty$ 时 $1/n$ 的值趋近于 0，而不是说 $1/n$ 本身将会等于 0——事实上，它永远也不会等于 0。这也是极限概念的本质：序列中的数可以**无限接近极限值**，但永远无法与之相等。[1]

对序列 $1/n$ 而言，它的极限是可想而知的。但在许多情况下，并不能一下子知晓极限值是多少，甚至无法确定是否存在极限值。例如，序列 $a_n=(2n+1)/(3n+4)$ 在 $n=1,2,3,\cdots$ 时的项分别是 $3/7,5/10,7/13,\cdots$，当 $n\to\infty$ 时 a_n 趋近于极限值 $2/3$。这可以通过将分子和分母分别除以 n[得到等价的表达式 $a_n=(2+1/n)/(3+4/n)$] 看出来。$n\to\infty$ 时，$1/n$ 和 $4/n$ 均趋近于 0，从而整个表达式趋近于 $2/3$。但对于序列 $a_n=(2n^2+1)/(3n+4)$ 来说，值分别为 $3/7,9/10,19/13,\cdots$，当 $n\to\infty$ 时表达式的值可以无限增大。这是因为 n^2 项会导致分子比分母增长得快。这种情形可以表示为 $\lim\limits_{n\to\infty}a_n=\infty$，尽管严格来讲此序列并不存在极限值。如果存在极限，那它必须是一个确定的实数，而无穷大不是实数。

几个世纪以来，数学家们以及哲学家们都对无穷大的概念非常好奇。有一个"数"比所有的数都大？如果是这样的话，那个"数"究竟会有多大呢？我们可以像对普通的数那样对它进行计算吗？而在微观方面，我们把一个量（比如说一个数或者一条线）不断地分割为微小的量，最终能否得到一个不可再分的量，成为数学上的原子？类似的问题困扰着 2 000 多年以前古埃及时期的哲学家们，也困扰着现代的人们。我们依然在努力寻找基本粒子，一种难以捉摸的万物之源。

从上面的例子可以看出，我们不能把无穷大符号 ∞ 当作普通的数。例如，如果我们将 $n=\infty$ 代入表达式 $(2n+1)/(3n+4)$，我们就得到 $(2\infty+1)/(3\infty+4)$。而 ∞ 的倍数仍然是 ∞，一个数与 ∞ 的和仍然是 ∞，于是我们就得到 ∞/∞。如果 ∞ 是一个普通的数，根据算术运算的基本法则，表达式的结果就是 1。但是，如我们前面所推算的那样，它并不等于 1，而是 $2/3$。试图"计算" $\infty-\infty$ 时也会出现类似的情况。人们很容易这样认为：由于一个数减去它本身的结果为 0，所以 $\infty - \infty = 0$。从表达式 $1/x^2 - [(\cos x)/x]^2$ 可以看出这个结论是不对的（这里 "cos" 是三角学中的余弦函数）。当 $x \to 0$ 时，表达式中的两项均趋向于无穷大，但只要有一点三角学基础，就可以证明上述表达式的值趋近于极限 1。

类似于 ∞/∞ 或 $\infty - \infty$ 的表达式通常被称为 "不定式"。这一类表达式并没有固定的值，只能通过极限运算法则进行求解。打个不恰当的比方，任何不定式都在两个数之间 "挣扎"，一方面要努力变大，而另一方面却极力变小。最终结果往往取决于极限运算的精度。数学中常见的不定式有 $0/0$，∞/∞，$0 \times \infty$，$\infty - \infty$，0^0，∞^0 和 1^∞，而 $(1 + 1/n)^n$ 属于最后一种形式。

在求解不定式时，只是熟练地掌握代数知识并不一定能够得到极限运算的最终结果。当然，我们可以用计算器或者计算机来对很大数值的 n（例如 10^6 或者 10^9）进行计算。但这么做也只能得到与极限值相关的参考值，我们并不能确定当 n 进一步增大时这个值的精确度。这种推理方式强调了数学与其他依靠经验或观测证据的学科（比如物理和天文学）之间的本质区别。在这类学科中，如果一个结果是从大量的实验数据中得到的，那么它就可以被认为是符合自然规律的，比如在容积一定时气体的温度与压强之间的数学关系。

一个经典的例子就是万有引力定律。万有引力定律由艾萨克·牛顿发现并在他的著作《自然哲学的数学原理》（*Philosophiae naturalis principia mathematica*，1687，后简称《原理》）中进行了详细阐述。这一定律描述了这么一个规律：在任何两个物体之间（比如说太阳与围绕着它的行星之间，或者桌面上的两个小纸片之间）都存在引力，且引力大小和两个物体质量的乘积成正比，而和它们之间距离（更准确地讲，是两个物体质心之间的距离）的平方成反比。该定律在随后的两个多世纪内都是经典物理学的基础，而每个天文观测的结果都进一步验证了这一规律，这也使得它现在依然是计算行星和卫星轨道的理论基础。牛顿的万有引力定律直到 1916 年才被爱因斯坦的相对论所替代。（这两个定律的唯一区别体现在物体的质量特别大且运动速度接近光速时。）迄今为止，牛顿定律和其他任何物理规律都不能用纯粹的数学语言来证明。**数学证明是严谨的逻辑推导链**，所有的分支都来自于少数几个最初的假设（也就是公理），并且严格遵守数学逻辑。也只有这样的推导链才会形成一个有效的数学定律，即定理。除非所有这些条件都满足，否则任何关系式都不能成为定律，不管它被多少观测结果所证明；它可以被称为"假设"或"猜想"，并得到各种各样试验性的结果，但没有任何数学家会因此而妄下结论。

从上一章可以看出，对于非常大的 n 值，表达式 $(1+1/n)^n$ 的极限值似乎是 2.718 28。但为了确定这一极限值（或者首先证明极限存在），我们必须使用其他方法而不是仅仅计算各个值。（此外，随着 n 的增大，计算的难度也越来越大，我们必须对指数运算取对数。）所幸的是，用**二项式公式**可以证明。

二项式就是包含有两项之和的表达式，我们通常将其表示为 $a+b$。在基础代数学中，我们学到的一个基础知识就是计算二项式的逐个乘方，也就是将表达式 $(a+b)^n$ 展开，其中 $n=0, 1, 2, \cdots$。让我们把开始几项的展开式列出来：

$$
\begin{aligned}
(a+b)^0 &= 1 \\
(a+b)^1 &= a+b \\
(a+b)^2 &= a^2+2ab+b^2 \\
(a+b)^3 &= a^3+3a^2b+3ab^2+b^3 \\
(a+b)^4 &= a^4+4a^3b+6a^2b^2+4ab^3+b^4
\end{aligned}
$$

从这少数几个例子中，我们不难总结出其中的规律：$(a+b)^n$ 的展开式中包含 $n+1$ 项，每一项的形式是 $a^{n-k}b^k$，其中 $k=0, 1, 2, \cdots, n$。所以从左到右，a 的指数依次从 n 递减到 0，而 b 的指数则依次从 0 递增到 n（最后一项可以写成 a^0b^n）。各项的系数（也就是所谓的**二项式系数**）则构成等腰三角形：

$$
\begin{array}{ccccccccc}
 & & & & 1 & & & & \\
 & & & 1 & & 1 & & & \\
 & & 1 & & 2 & & 1 & & \\
 & 1 & & 3 & & 3 & & 1 & \\
1 & & 4 & & 6 & & 4 & & 1 \\
 & & & & \cdots & & & &
\end{array}
$$

这一三角形被称为帕斯卡（杨辉[①]）三角形，以法国哲学家和数学家布莱士·帕斯卡（1623—1662）的名字命名，他曾在他的概率论中使用过这一三角形（而该三角形本身的发现则要早得多，见图 4-1、图 4-2 和图 4-3）。在这个三角形中，每个数都是上一行中其左和右相邻两个数字之和。例如第五行的数字 1, 4, 6, 4, 1，就分别是由第四行的数按照这样的规律得到的：

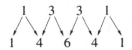

（注意，这些系数是左右对称的。）

图 4-1　出现在佩特鲁斯·阿皮亚努斯的数学专著首页的
帕斯卡三角形（因戈尔施塔特，1527）

---

① 13 世纪中国宋代数学家杨辉在《详解九章算术》里讨论过一种二项式系数在三角形中的几何排列数表，并说明此表引自 11 世纪前半叶贾宪的《释锁算术》，因此又称之为杨辉三角形或贾宪三角形。——译者注

上面是对运用帕斯卡三角形寻找二项式系数的回顾：如果要计算某个数，必须首先计算出其上所有行，而这一计算花费的时间会随着 n 的增加而变得越来越长。幸运的是，有一个公式可以让我们得到想要的系数而不需要依赖帕斯卡三角形。如果将 $a^{n-k}b^k$ 的系数表示为 ${}^nC_k$，那么：

$$ {}^nC_k = \frac{n!}{k!(n-k)!} \tag{1} $$

其中 $n!$ 叫作 n 的阶乘，表示 $1 \times 2 \times 3 \times \cdots \times n$。开始的几项 $n!$ 分别是 $1!=1$，$2!=1 \times 2=2$，$3!=1 \times 2 \times 3=6$ 和 $4!=1 \times 2 \times 3 \times 4=24$（与此同时，我们还定义 $0!=1$）。以表达式 $(a+b)^4$ 的展开式为例，我们将上面的式（1）应用到其中，得到相应的系数 ${}^4C_0=4!/(0! \times 4!)=1$，${}^4C_1=4!/(1! \times 3!)=1 \times 2 \times 3 \times 4/(1 \times 2 \times 3)=4$，${}^4C_2=4!/(2! \times 2!)=6$，${}^4C_3=4!/(3! \times 1!)=4$ 和 ${}^4C_4=4!/(4! \times 0!)=1$，这与帕斯卡三角形中第五行的数完全一致。

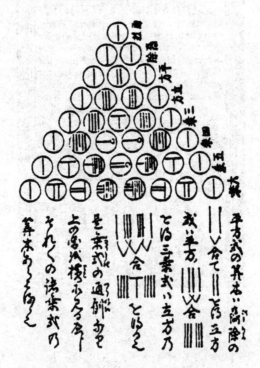

图 4-2　帕斯卡三角形出现在一份日文文献（1781）中

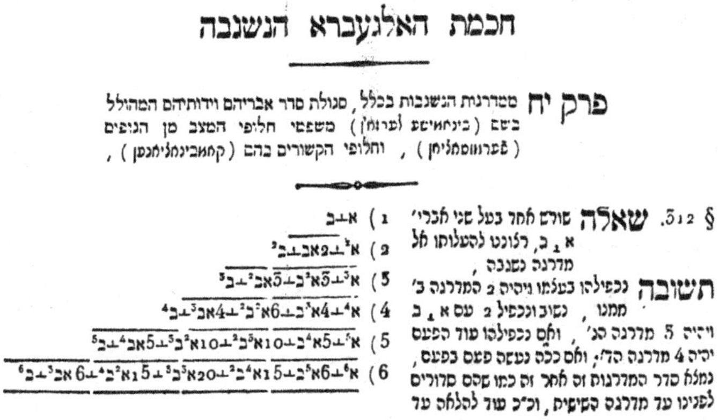

חכמת האלגעברא הנשנבה

פרק יח סמדרנות הנשנבות בכלל, סגולת סדר אבריהם וידותהדם המהולל
בשם (בינהאויסע לצרוה) משפטי חלופי המצב מן הגוםים
(פערוואסעהליגין), וחלופי הקשורים בהם (קאמבינאציהנעה),

§ 512. שאלה שורש אחד בעל שני אברי'
א ג כ, רלוינט להעלותו אל
מדרגה נשנבה

תשובה נכפילו בעצמו ויהיה 2 המדרגה ב'
ממנו, נשובוכפיל 2 מדרגה ב' עם א, ב,
ויהיה 3 מדרגה ג', ואם נכפילהו עוד הפעם
יהיה 4 מדרגה הד', ואם כלה נעשה פעם בפעם
נמצא סדר המדרנות זה אחר זה כמו שהם סדורים
לפנינו עד מדרנג השישית, וכ״כ עוד להלאה עד

1) א+ב
2) א'+2אב+ב'
3) א'+3א'ב+3אב'+ב'
4) א'+4א'ב+6א'ב'+4אב'+ב'
5) א'+5א'ב+10א'ב'+10א'ב'+5אב'+ב'
6) א'+6א'ב+15א'ב'+20א'ב'+15א'ב'+6אב'+ב'

图 4-3　表达式 $(a+b)^n$ 在 $n=1, 2, 3, \cdots, 6$ 时的展开式，出现在一本由哈伊姆·塞利格·斯洛尼姆斯基所著的希伯来语代数书（维尔纽斯，1834）中
（希伯来文所表述的公式应当从右向左看）

在 n 为正整数的情况下，二项式公式可以非常容易地用数学归纳法证明：如果公式在 $n=m$ 的时候成立，那么公式在 $n=m+1$ 的时候也成立，当然 $n=1$ 时，$(a+b)^1=a+b$ 是显而易见的。注意，$(a+b)^n$ 的展开式最终应当正好是 $n+1$ 项。在第 8 章中我们将会提到牛顿的第一项伟大成就，那就是将这一公式扩展到 n 为负整数以及分数的情形。在这种情况下，展开式涉及无穷大问题。

式 (1) 还可以写成如下形式：

$$^nC_k = \frac{n \times (n-1) \times (n-2) \times \cdots \times (n-k+1)}{k!} \tag{2}$$

这是因为 $n! = 1 \times 2 \times 3 \times \cdots \times n$，而 $(n-k)! = 1 \times 2 \times 3 \times \cdots \times (n-k)$，所以式 (1) 的分子与分母中从 1 到 $(n-k)$ 的数都可以消去，而只剩下 $n \times (n-1) \times (n-2) \times \cdots \times (n-k+1)$。记住式 (2)，我们就可以将二项式公式应用到表达式 $(1+1/n)^n$ 中。令 $a=1$，$b=1/n$，则可以得到：

$$\left(1+\frac{1}{n}\right)^n = 1 + n \times \frac{1}{n} + \frac{n \times (n-1)}{2!} \times \left(\frac{1}{n}\right)^2 +$$
$$\frac{n \times (n-1) \times (n-2)}{3!} \times \left(\frac{1}{n}\right)^3 + \cdots + \left(\frac{1}{n}\right)^n$$

经过一些简单的运算，上式就简化为：

$$\left(1+\frac{1}{n}\right)^n = 1+1+\frac{\left(1-\frac{1}{n}\right)}{2!}+\frac{\left(1-\frac{1}{n}\right)\times\left(1-\frac{2}{n}\right)}{3!}+\cdots+\frac{1}{n^n} \qquad (3)$$

既然要求 $(1+1/n)^n$ 在 $n\to\infty$ 时的极限值，那么我们就必须让 n 无限增大，这样展开式就会有越来越多的项。同时，表达式中括号内的项都会趋近于 1，因为在 $n\to\infty$ 时，$1/n, 2/n, \cdots$ 的极限都是 0。因此有：

$$\lim_{n\to\infty}\left(1+\frac{1}{n}\right)^n = 1+1+\frac{1}{2!}+\frac{1}{3!}+\cdots \qquad (4)$$

需要额外补充的是，即使有上述结果也不足以证明想要的极限值确实存在（完整的证明过程见附录 2），但现在我们暂且认为它存在。将这一极限值用字母 e（关于此字母的其他选择将会在后面提及）表示，那么会有：

$$e = 2+\frac{1}{2!}+\frac{1}{3!}+\frac{1}{4!}+\cdots \qquad (5)$$

现在不仅计算这一无穷级数中的项并将它们相加变得非常简单，更重要的是，与直接计算 $\left(1+\frac{1}{n}\right)^n$ 相比，它们的和能更加快速地接近极限值。这一无穷级数前几项的和分别是：

2=	2
2+1/2=	2.5
2+1/2+1/6=	2.666⋯
2+1/2+1/6+1/24=	2.708 333⋯
2+1/2+1/6+1/24+1/120=	2.716 666⋯
2+1/2+1/6+1/24+1/120+1/720=	2.718 055 5⋯
2+1/2+1/6+1/24+1/120+1/720+1/5040 =	2.718 253 968⋯

我们可以看到，和式中的每一项都在急剧减小（因为每项分母中的 $k!$ 在

急剧增大），因而序列迅速收敛。此外，由于每项都是正数，所以收敛过程是**单调**的：每新加入一项都会更接近极限值（这与各项正负交替的序列是不同的）。这些因素在证明$\lim\limits_{n\to\infty}(1+1/n)^n$存在的过程中起着非常重要的作用。不管如何，我们得承认 e 大约等于 2.718 28，并且可以通过与序列中更多项相加而达到我们想要的精度。

一些与 e 有关的奇妙的数

$e^{-e} = 0.065\ 988\ 036\cdots$

欧拉证明了当 x 在 $e^{-e}(=1/e^e)$ 和 $e^{1/e}$ 之间时，表达式 $x^{x^{x^{\cdots}}}$ 指数项的个数趋于无穷大时，这个表达式趋向于一个极限值。[2]

$e^{-\pi/2} = 0.207\ 879\ 576\cdots$

欧拉在 1746 年证明，表达式 i^i（其中 $i=\sqrt{-1}$）有无限多个值，它们都是实数，可表示为：$i^i = e^{-(\pi/2+2k\pi)}$，其中 $k=0$, ±1, ±2, $\cdots$。这些数中最重要的一个是 $e^{-\pi/2}$（在 $k=0$ 时的值）。

$1/e = 0.367\ 879\ 441\cdots$

这是表达式 $(1-1/n)^n$ 在 $n \rightarrow \infty$ 时的极限值。这个数常用来计算指数函数 $y=e^{-at}$ 衰减的速率。在 $t=1/a$ 时有 $y=e^{-1}=1/e$。这个数还出现在尼古拉斯·伯努利提出的"错放信封"的问题中：如果要将 n 封信放入 n 个写有地址的信封中，那么每一封信都放错的概率是多少呢？当 $n \rightarrow \infty$ 时，概率接近 $1/e$。[3]

$e^{1/e} = 1.444\ 667\ 861\cdots$

这是施泰纳问题的解，函数 $y=x^{1/x}=\sqrt[x]{x}$ 可以达到的最大值（即 $x=e$ 的时候）。[4]

$878/323 = 2.718\ 266\ 254\cdots$

这是通过小于 1 000 的整数所能得到的最接近 e 的有理数。[5]它非常便于记忆，并让人想起另一个关于 π 的有理近似值 355／113＝3.141 592 92⋯。

e＝2.718 281 828⋯

它是自然对数（尽管没有历史证据，自然对数也被称为纳皮尔对数）的底数，也是 $n \to \infty$ 时 $(1+1/n)^n$ 的极限值。但其中重复的数字部分 1828 是一个误解，因为 e 是一个无理数，它的位数是无限的，而且其中也不存在循环部分。欧拉在 1737 年证明 e 是无理数。埃尔米特在 1873 年证明了 e 是超越数，即它不能由系数为整数的多项式方程求解得到。

对数字 e 的几何理解有好几种方式。在 x 的区间为 $(-\infty, 1)$ 时，曲线 $y=e^x$ 与 x 轴构成的区域的面积等于 e，这和点 $x=1$ 处的斜率相等。而双曲线 $y=1/x$ 在 x 的区间为 $(1, e)$ 时与 x 轴构成的区域的面积等于 1。

e＋π＝5.859 874 482 ⋯

e×π＝5.859 734 223 ⋯

这两个数很少出现在应用中，而且也不确定它们是代数的还是超越的。[6]

e^e＝15.154 262 24 ⋯

π^e＝22.459 157 72 ⋯

至今还不清楚这两个数是代数的还是超越的。[7, 8]

e^π＝23.140 692 63 ⋯

盖尔方德在 1934 年证明了这个数是超越的。[9]

e^{e^e}＝3 814 279.104 ⋯

注意这个数比 e^e 大多少。而下一个数 $e^{e^{e^e}}$ 的整数部分有 1 656 521 位。

———◆━━━●━━━●━◆———

另外还有两个与 e 有关的数。

γ＝0.577 215 664 ⋯

这个数是用希腊字母表示的，也被称为欧拉常数。它是当 $n \to \infty$ 时表达式 $1+1/1+1/2+1/3+1/4+\cdots+1/n-\ln n$ 的极限值。1781 年，欧拉将它的结果精确到小数点后面 16 位。事实上，这一极限的存在意味着尽管调和级数 $1+1/1+1/2+1/3+1/4+\cdots+1/n$ 在 $n\to\infty$ 时发散，但它与 $\ln n$ 之间的差接近一个常数值。目前我们还无法得知 γ 是代数的还是超越的，甚至不清楚它是有理数还是无理数。[10]

$\ln 2 = 0.693\ 147\ 181\cdots$

这是正负交替的调和级数 $1-1/2+1/3-1/4+\cdots$ 的极限值，是麦卡托序列 $\ln(1+x)=x-x^2/2+x^3/3-x^4/4+\cdots$ 在 $x=1$ 时的结果。它还是以 e 为底得到 2 时的指数项：$e^{0.693\ 147\ 181\cdots}=2$。

第 5 章

发现微积分的先驱

"如果说我看得（比你和笛卡儿）更远，那是因为我站在了巨人的肩膀上。"

——牛顿对罗伯特·胡克说

伟大的发明通常可以分为两类：一类来自于某个人的奇思妙想，如同黑夜里的一道闪电；更多的则是几十年甚至几百年来许多智者认知感悟的不断积累最终结出的硕果。对数的发明属于前者，而微积分则属于后者。

人们通常认为微积分是由牛顿与戈特弗里德·威廉·莱布尼茨（1646—1716）在 1665~1675 年间创立的。而微积分的精髓思想（利用极限运算得到与普通有限对象有关的结果）最初则来源于希腊。因使用军事发明对抗罗马侵略者 3 年多而闻名于世的锡拉丘兹的传奇科学家阿基米德（约公元前 287—前 212），就是使用极限概念计算各种平面图形的面积和立体结构的体积的先驱之一。尽管阿基米德从未使用过"极限"一词，但他脑中形成的正是极限思想，我们稍后将给出理由。

在初等几何中我们就学过如何计算任意三角形的周长和面积，继而推广到任意多边形（由在同一平面且不在同一直线上的多条线段首尾顺次连接且不相交所组成的图形叫作多边形）。但推广到曲面结构时，初等几何就无能为力了。以圆为例，在开始学习几何时我们就知道，半径为 r 的圆的周长与面积分别可以用公式 $C = 2\pi r$ 和 $A = \pi r^2$ 来表示。但不要因它们简单的表达形式而产生误解。其中的 π 表示圆的周长与其直径之间的比值，是数学中最有趣的数之一。它的一些性质直到 19 世纪都没有完全确定，甚至时至今日还存在一些悬而未决的问题。

很早以前，人们就已经得到了精度高得异乎寻常的 π 值。公元前 1650 年左右的埃及数学著作《莱因德纸草书》（*Rhind Papyrus*，1858 年由苏格兰的一位研究埃及的学者莱因德购得，因此得名）上记载着这样一段文字：如果正方形的边长是圆的直径的 8/9，那么正方形的面积与圆的面积相等（如图 5-1 所示）。用现代的数学语言来表述则为：若用 d 表示圆的直径，那么二者面积相等意味着 $\pi(d/2)^2 = (8d/9)^2$，将等号左右两边的 d^2 约去就得到 $\pi/4 = 64/81$，即 $\pi = 256/81 \approx 3.160\,49$[1]。这个结果相比于 π 的真实值（3.141 59，精确到小数点后 5 位）只有 0.6% 的误差，这对近 4000 年前所完成的结果而言已经是相当了不起的精度了。[2]

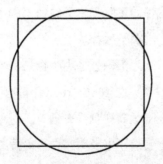

图 5-1　据《莱因德纸草书》（约公元前 1650）中的描述，
如果正方形边长是圆直径的 8/9，那么正方形面积与圆面积相等

几个世纪以来，出现了许多版本的 π 值。但回溯到古希腊时代，所有的 π 值都来自于实验：他们精确测量了圆的周长和直径，并将二者相除。而阿基米德则首先提出了用一种基于对数的数学方法（而非实验方法）得到任何精度的 π 值。

阿基米德的想法是在一个圆中内接一系列边数越来越多的正多边形（在正多边形中，所有的边长都是相等的，而且所有内角也是相等的）。每个正多边形的周长都比圆的周长略微小一点，但增加正多边形的边数会使多边形逐步向圆靠拢（如图 5-2 所示）。通过计算多边形的周长和圆直径之间的比值，我们就能够得到 π 的近似值了，而这一近似值的精度可以通过增加多边形的边数来提高。因为我们假设的多边形都是在圆内的，所以这种方法所得到的近似值会比 π 的真实值小一点。于是阿基米德又反复计算了另外一种圆有外切多边形的情形（如图 5-3 所示），并由此得到了一系列比 π 的真实值略大的近似值。给定了正多边形的边数，π 的真实值就被圈定在略大的值和略小的值之间。不断增加边数，被圈定的区域就越来越小，像老虎钳钳口那样越缩越小，直至达到我们的精度要求。分别采用内接和外切的正九十六边形（由阿基米德从六边形开始逐步使多边形边数加倍所得），他计算出 π 的真实值介于 3.140 3 和 3.142 71 之间，这一精度直到现在都可以满足大部分实际应用的需求。[3]如果我们能够用一个正九十六边形外切直径为 30.48 厘米的球体的"赤道"部分，多边形在球体表面的那些夹角几乎看不出来。

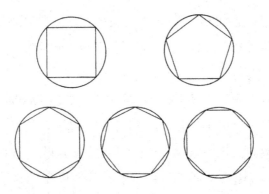

图 5-2　圆内接正多边形

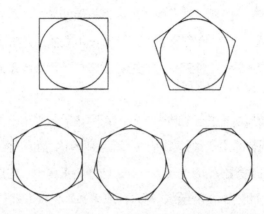

图 5-3　圆外切正多边形

　　阿基米德的这一成就是数学史上重要的里程碑，但他并没有满足于此。他同时还对另外一种常见的图形感兴趣——抛物线。斜向天空抛出一个石块，它的运动轨迹就可以近似看作一条抛物线。如果石头在运动过程中不受其他阻力（如空气阻力）的影响，那么它的轨迹就是一条抛物线。抛物线有大量应用，例如现代通信使用的吸盘天线中就有一个抛物线形剖面，和汽车前灯中银色的反光部分类似。阿基米德对抛物线的兴趣源于它的一个特性：它可以将无限远处射过来的光线（即平行光）聚焦到同一点 [即焦点（这个词在拉丁语中表示"壁炉"的意思）] 上。据说，他曾建造过一批巨大的抛物线形反光镜，用于击退罗马侵略者，保卫他的家园。如此一来，太阳光经过抛物线形镜面的反射聚焦到敌人的船只上，使其燃烧为灰烬。

　　阿基米德还对抛物线进行了一些理论研究，特别是抛物扇形域的面积计算。他通过将抛物扇形域划分为若干小三角形来解决这个问题，而这些小三角形的面积是呈几何级数递减的（如图 5-4 所示），只要重复这个过程就可以使这些三角形尽可能如他所愿地充满整个扇形域。当他对这些三角形的面积进行（利用几何级数的求和公式）求和时，发现总面积接近于三角形 ABC 面积的 4/3。更准确地说，通过加入越来越多的三角形，他可以让总面积越来越接近他想要的这个值。[4] 用现代数学语言表述就是，这些三角形的总面积在三角形个数趋于无穷多时达到极限 4/3（假设三角

形 *ABC* 的面积为 1)。然而，阿基米德还是只用有限数的和来细心解答，他的推论中从没出现过无限的概念，这也是有原因的：古希腊禁止讨论无限这个词，并且拒绝将其纳入他们的数学体系中。我们将会在本书后面找到原因。

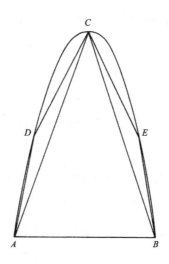

图 5-4　阿基米德计算抛物扇形域面积的"穷尽法"

阿基米德的方法后来被称为"穷尽法"。尽管阿基米德并非第一个采用这种方法（这一方法大约在公元前 370 年由欧克多索斯发明）的人，但他是第一个将之成功运用到抛物线中的人。然而，他未能将这一方法应用于"圆锥曲线"[5]家族中的其他两位著名成员：椭圆和双曲线。尽管不断尝试，他始终未能计算出椭圆和双曲扇形域的面积，不过他猜对了椭圆面积的表达式 *πab*（其中 *a* 和 *b* 分别是椭圆的长、短半轴的长度）。这些问题一直等到两千多年后积分学出现时才得以解决。

穷尽法的概念与现代的积分概念非常接近。那么，究竟是什么使古希腊人没能发现微积分呢？主要有两个原因：古希腊人很忌讳无限的概念（被叫作"恐怖的无限"），他们不会使用代数符号。让我们从第二个原因开始吧！古希腊人对几何学非常精通，事实上所有的经典几何学都是由他们创建的，但他们对代数学的贡献几乎为零。代数学本质上是一门语言，它包含各种各样的符号以及一大堆用于操作这些符号的规则。要发展这样一门语言，必须有一个完善的记法系统，而古希腊人没有。他们的失败可以归结为他们静止的世界观，对于几何学尤其如此：他们认为任何几何量都是固定的、大小不变的。我们现在的做法是将一个未知量用一个字母（比如 x）表示，并且将它视为合理范围内的变量。古希腊人将从 A 到 B 的线段表示为 AB，将顶点依次为 A、B、C、D 的长方形表示为 $ABCD$，等等。这样的记法系统对他们既定的目的（确定图形中各部分之间的关系）而言很有效，这也是经典几何学中定理的主体。但令人遗憾的是，一旦用于表达变量之间的关系，这个系统就难以胜任了。要有效地表达出这种关系，就必须求助于代数语言。

古希腊人也并非对代数学一无所知，他们也熟悉许多初等代数学中的公式，不过它们只是用于说明图中各种元素之间的几何关系。首先，他们将数解释为线段的长度，那么两个数的和就表示首尾相连且位于一条直线上的两条线段的长度之和，而两个数的积则表示以这两条线段为边长构成的长方形的面积。大家熟悉的公式 $(x+y)^2=x^2+2xy+y^2$ 则会以这样一种形式解释：首先在一条直线上画一条线段，其长度 $AB=x$，接着在同一直线上从这条线段的一个端点处作另外一条线段，长度 $BC=y$，那么以线段 $AC=x+y$ 为边构造一个正方形，如图 5-5 所示。这个正方形可以划分为 4 个部分：两个面积分别为 $AB \times AB=x^2$ 和 $BC \times BC=y^2$ 的小正方形，以及两个面积为 $AB \times BC=xy$ 的长方形。（这个证明中使用了一些技巧，比如长方形 $BCDE$ 与 $EFGH$ 全等，因此它们的面积相等。古希腊人对所有的细节考虑得非常周到，一丝不苟地论证每一步。）类似的方法还被用于证明其他的代数关系，比如 $(x-y)^2=x^2-2xy+y^2$ 以及 $(x+y)(x-y)=x^2-y^2$。

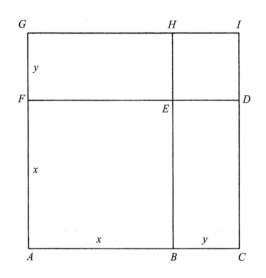

图 5-5　公式 $(x+y)^2 = x^2 + 2xy + y^2$ 的几何论证

　　人们不得不惊叹于古希腊人只用几何方法就建立了大部分的初等代数学。但这种"几何代数"并不能成为有效可用的数学工具。由于缺乏完善的记法系统（用现代的话说就是代数），古希腊人丧失了它最伟大的一个优势：简洁地表示变量之间关系的能力。这其中也包括了无限的概念。

　　因为无限并不是一个真正意义上的数，所以它不能用于纯粹的数字计算。前面介绍过，要寻找各种不定式的解，必须使用极限运算，而这需要非常高的代数技巧。正因为缺乏这样的技巧，古希腊人没能正确对待无限的概念。最终，他们避开它，甚至惧怕它。在公元前 4 世纪，哲学家芝诺（约公元前 490—前 430）提出了 4 个悖论，或者按他自己的说法叫作"理论"，目的是为了说明数学对无限这一概念的无能为力。其中一个悖论原本是为了说明如下这样一个运动是不可能的：一个人要从 A 点跑到 B 点，那他首先要到达 AB 的中点，然后是剩余部分的中点，一直如此（如图 5-6 所示）。既然这一过程需要无数个步骤，芝诺认为跑步的人永远也无法到达终点。

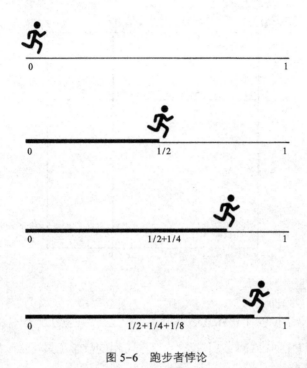

图 5-6　跑步者悖论

　　用极限的概念来解释"跑步者悖论"非常简单。如果将线段 AB 的长设为单位长，那么跑步者跑过的距离则由一个无限的几何级数构成：$1/2+1/4+1/8+1/16+\cdots$。这个序列有个特点，就是不管多少项相加，它们的和都无法达到 1，更不会超过 1。但只要加上越来越多的项，就可以使序列的和无限接近 1。我们称这个序列的和收敛于 1 或者在序列有无穷多项时有极限值 1。因此，跑步的人可以跑完整整一个单位的距离（也就是从起点到终点的距离 AB），这样一来悖论就不攻自破了。然而希腊人觉得无限多个数可以收敛为一个有限的数这一事实非常难以理解和接受，将问题扩展到用无限的概念来思考对他们而言是个禁忌，这也就是为什么阿基米德在他的"穷尽法"中从未提及"无限"这个词。但是他有无限运算的想法，他会仔细地以有限运算的形式不断反复计算，直到得到满意精度的结果。[6] 因此，在他那个时代，作为典型案例的"穷尽法"被那些烦琐的细枝末节所拖累而变得没有任何实际意义，只局限于最简单的几何图形。此外，任何问题都要提前得到答案，只有这样，穷尽法才能够用于求出一个精确的解。[7]

所以，尽管阿基米德对极限概念有如此强烈的直觉性的理解，但他还是无法迈出关键的一步，使它变为一种可应用于各种场合的通用而系统化的程式（一种算法）——对数。如同摩西在尼波山凝视迦南而不被允许进入时那样，他离发现一门新科学如此之近[8]，却不得不将火炬传给后来人。

第 6 章

大发现的前奏

> "无穷大和不可分元这两个概念超出了我们有限的认
> 识，前者是因为它的巨大，后者则是因为它的微小，想象
> 一下这二者结合的情形吧。"
>
> ——萨尔维阿蒂（即伽利略），
> 《关于两种新科学的对话》[1]（1638）

大约在阿基米德之后 1 800 年，一位名叫弗兰索瓦·韦达
（1540—1603）的法国数学家在研究三角学的过程中，发现了一
个有关 π 的重要公式：

$$\frac{2}{\pi} = \frac{\sqrt{2}}{2} \times \frac{\sqrt{2+\sqrt{2}}}{2} \times \frac{\sqrt{2+\sqrt{2+\sqrt{2}}}}{2} \times \cdots$$

1593 年关于无穷乘积的这一发现成为数学史上的里程碑，这
是第一个被明确记录下来的关于无限运算的数学公式。实际上，
韦达公式最具标志性的特征并不是它简洁的表达形式，而是公式
末尾的 3 个点，意味着可以不断继续下去，也就是无限次运算。

它也说明，至少从理论上 π 可以通过初等代数中的 4 种运算（即加法、乘法、除法和开方）得到，而且这些运算都只针对数字 2。

韦达公式清除了一个重要的心理障碍，因为将 3 个点写在公式末尾的简单做法，标志着无限运算被数学界所接受并为其以后的广泛应用打开了大门。不久后，其他涉及无限运算的公式也接纳了这种表示方法。以著作《无穷算术》（*Arithmetica Infinitorum*，1655）影响青年时代的牛顿的英国数学家约翰·瓦利斯（1616—1703），发现了另外一种有关 π 的无穷乘积的表达方式：

$$\frac{\pi}{2} = \frac{2}{1} \times \frac{2}{3} \times \frac{4}{3} \times \frac{4}{5} \times \frac{6}{5} \times \frac{6}{7} \times \cdots$$

在 1671 年，苏格兰人詹姆斯·格雷戈里（1638—1675）发现了无穷级数：

$$\frac{\pi}{4} = \frac{1}{1} - \frac{1}{3} + \frac{1}{5} - \frac{1}{7} + \cdots$$

这些公式引起人们关注的原因是，利用圆进行定义的数 π 可以用只含有整数的表达式进行描述，尽管要通过无限的运算过程。这些公式是当时数学中最美妙的东西。

但相比于它们的美妙，这些公式在计算 π 值时的用途相当有限。正如我们所见，好几个精度非常高的 π 的近似值在古代就已经被人们所熟知了。几个世纪以来，人们进行了各种各样的尝试以期获得更精确的近似值，也就是说正确获得 π 的尽可能多的小数位。他们希望推算出 π 值小数点后的位数（也就是从小数点后某一位开始所有的值都变为零），或者 π 以某种形式开始循环。这两种结果都意味着 π 是一个**有理数**，也就是两个整数的比值（今天我们都知道这样的比值并不存在，因为 π 值小数点后的位数是无穷的，且不存在循环单元）。在所有那些希望得到这样结果的数学家中，有一个人非常值得注意。鲁道夫·范·科伊伦（1540—1610，荷兰数学家，生于德国）将他多产的一生奉献在了计算圆周率 π 上，在他去世前一年，他将圆周率的精度提高到了小数点后 35 位。他的功劳如此之大，据说这个数被刻在他在莱顿的墓碑上，而且很多年来，德国教科书都称这个数为"鲁道夫数"。[2] 然而他的成就里并没有关于 π 特性的新发现（范·科伊伦只是重复了阿基米德的多边形近似法），他也没有对通用数学做出新的贡献。[3] 对数学而言幸运的是，这种无用功并没有出现在数字 e 上。

所以，那些新发现的公式虽有利于深刻理解无限运算的本质，却没有太大的实用价值。这里我们有一个很好的例子来解释对数学理念的两种哲学观："学术"派和"实用"派。学术派的数学家们在进行专业研究时很少关心实际应用需求（有些人甚至声称数学从实际应用脱离得越远，学科发展就越快）。对学术派中的一些人而言，数学研究更像是下象棋，智力促进就是奖品；另一些人则追求最大限度的自由研究，自由地去制定他们自己的定义和规则，并在此基础上严格依照数学逻辑构建一种体系。相反，实用派的数学家们则更关心科技产生的大量问题。他们并不能像学术派那样自由地享受数学，因为他们受制于那些支配现象的自然法则，一切以事先调查为基础。当然，这两派之间的分界线并不是特别明显：在纯理论性的研究领域也经常会获得一些意想不到的实际应用成果（例如数论在机密信息的编码与解码中的应用）；相应地，实际应用中的问题也会带来高水平理论上的发现。而且，包括阿基米德、牛顿和高斯等在内的数学史上一些知名的数学家，在这两个领域都备受推崇。但是，这条分界线的确真实存在，而且在这个专业细分替代原来通用概念的时代被越来越多地提及。

多年来，横亘于两派之间的分界线也在来回变更。在古希腊之前，数学完全承担着实用性的职责，其主要目的就是处理非常平凡的事务，例如测量（测定面积、体积和重量）、货币问题以及时间计算等。而古希腊人则将数学从一门应用性学科转变为以追求知识为主要目的的智慧性学科。公元前 6 世纪创建了著名哲学学校的毕达哥拉斯则将这种对纯理论数学的追求推向极致。他的灵感来自于自然的秩序与和谐，这里的自然并非仅仅是我们所处的自然环境，而是整个宇宙。毕达哥拉斯学派的学者坚信，数字是世间万物（从美妙的音律到天体运动）的主要成因。"数字统治宇宙"是他们的至理名言，其中"数字"指代的是自然数及其比值，而其他包括负数、无理数甚至零等在内的数则被排除在外。在毕达哥拉斯的哲学中，数字是被宗教化的，被赋予了各种宗教的含义。至于这些数字是否能够描述现实的世界，则是无关紧要的。最终的结果是，毕达哥拉斯数学变成了一门神秘而冷僻的学科，它从日常事务中分离出去，与哲学、艺术和音乐并列。事实上，毕达哥拉斯在音律上投入了大量的时间。据说，他曾经设计了一种"完美比例"的音乐尺：主音与八度音的弦长比为 2 ∶ 1，与五度音的弦长比为 3 ∶ 2，而与四度音的弦长比为 4 ∶ 3。暂且不论计算声学规律所需考虑的复杂条件，重要的是，这条音乐尺将问题简化成数字的比值。[4]

在随后的两千多年内，毕达哥拉斯哲学对一代又一代的科学家产生了非常重大的影响。但随着中世纪西方文明的出现，重心又再度倾向于应用数学。主导这一变化的因素有两方面：十五六世纪的地理大发现导致大量遥远的陆地需要被探索（当然后来确实被开拓了），这也导致发展新的先进导航技术的需求非常迫切；而哥白尼的日心说也迫使科学家们重新思考地球在宇宙中的位置以及主导其运动的物理规律。这两方面的发展都对应用数学提出了大量的需求，尤其是在球面三角学方面。因此，在接下来的两个世纪中，一批重要的应用数学家相继涌现，从哥白尼开始，到开普勒、伽利略以及牛顿，他们将应用数学带到一个前所未有的高度。

正因为科学史上这个最怪异的人——开普勒（1571—1630），我们才有了他所发现并以他的名字命名的三大行星运动定律。在这些定律被发现之前，他还曾进行过大量无用的研究。例如，他开始时是研究音律的，因为他相信音律主导着天体的运行（这也就是"球体音乐"的来历）；接着是对5 种柏拉图正多面体的几何学研究，[5] 因为按照他自己的说法，它们可以确定已知的六大天体运动轨道之间的距离。开普勒是旧世界体系转变到新体系的时代标志：他曾经是一位最高级别的应用数学家、一个狂热的毕达哥拉斯派学者、一位受玄学和科学共同影响的神秘主义者（即使在完成了伟大的天文发现之后，他依然从事占星术活动）。现在，与和他同时期的纳皮尔类似，他的那些非科学性的研究早就被人们遗忘，而他作为现代数学天文学的创建者被铭记史册。

开普勒第一定律认为每个行星都在一个椭圆形的轨道上绕太阳运转，而太阳位于这个椭圆轨道的一个焦点上。这一发现让人们听到了古希腊地心体系死亡的丧钟。在地心说中，各种行星和恒星都镶嵌在一个圆球中，每 24 小时围绕着地球旋转一圈。后来牛顿表示，椭圆（圆作为椭圆的一个特例也被包含在其中）并非天体唯一可能的运动轨迹类型，抛物线和双曲线轨迹也存在。这些曲线（我们需要加两条直线作为对双曲线的限定）组成了**圆锥曲线家族**，之所以这么称呼，是因为所有这些曲线都可以由平面以不同的角度切割圆锥体得到（如图 6-1 所示）。古希腊人早就知道了这些圆锥曲线，而与阿基米德同时期的阿波罗尼奥斯（约公元前 260—前 190）则撰写了一部有关圆锥曲线的详细专著。在两千多年后，数学家们关注的焦点再次落在了圆锥曲线上。

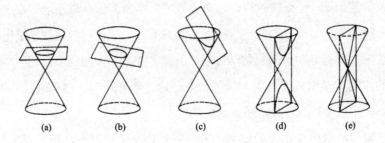

图 6-1　5 种圆锥曲线

开普勒第二定律（也就是面积定律）认为在同样的时间里，行星向径在其轨道平面上所扫过的面积相等。因此，这个寻找椭圆或者更普遍意义上圆锥曲线扇形域面积的问题一下子变得非常重要。前面就讲过，阿基米德曾用穷尽法成功地计算出一个抛物扇形域的面积，但是并没能计算出椭圆以及双曲扇形域的面积。开普勒和他同时代的人们重新拾起对阿基米德方法的兴趣，但是阿基米德只是仔细地进行了有限运算，从没有明确地提出无限的概念，他的现代追随者再没让这种学究式的思维方式成为前进道路上的障碍。

他们随心所欲，甚至以近乎野蛮的方式运用着极限的概念，在任何可能的情况下充分利用极限的优点。这样的结果就是，形成了一种虽不及古希腊方法严谨但看起来可用的粗陋的新发明：**不可分量法**（method of indivisibles）。通过假设平面图形由无穷多个狭长的小条组成（这也就是被称为"不可分元"的原因），人们可以计算出图形的面积或者得到其他相关的结论。例如，人们可以通过这样一种方法来证明（也许"演示"一词来得更为准确）圆的面积与周长之间的关系。假设圆由无数个顶点位于圆心而底在圆周上的狭小三角形所组成（如图 6-2 所示），由于每个三角形的面积都是底边长与高乘积的一半，所以所有三角形的面积就是它们所共有的高（也就是圆的半径）与所有底边长的和（即圆的周长）的乘积的一半。结果可用公式 $A = Cr/2$ 表示。

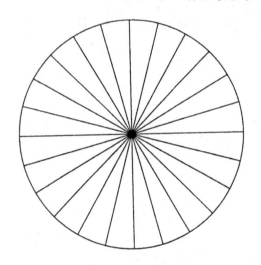

图 6-2　圆的面积可以通过无数个顶点在圆心而底在圆周上的小三角形的面积和来求得

当然，通过不可分量法推导出这个公式是事后诸葛亮，因为这个公式在古代就已经出现了（可以通过消除公式 $A = \pi r^2$ 和 $C = 2\pi r$ 中的 π 获得）。而且这种方法在好多方面都存在缺陷。在开始之前，没有人能够完全理解这些所谓的不可分元具体是什么，那么又谈何运用。不可分元原先被认为是一个无穷小的量，实际上也就是值为 0 的量，那么我们将任意多个这种量相加，所得到的结果也应当为 0（在这里，我们得到了一个不定表达式 $\infty \times 0$）。另外，在假设这种方法奏效的前提下，它需要非常强的几何技巧，而且对于每个不同的问题都需要设计出相应的正确划分方案。然而，除了这些缺陷，这种方法有时确实奏效，而且在很多情况下都会产生新的结果。开普勒是充分利用这种方法的先行者之一。有一段时间，开普勒将他的天文研究工作暂缓，转而"回到地面"处理一个问题：寻找计算各种不同样式的酒桶容积的方法（据说，他对酒商们标记酒桶容量的方式非常不满）。在他撰写的《测量酒桶的新立体几何》（*Nova stereometria doliorum vinariorum*, 1615）一书中，开普勒就应用了"不可分量法"来计算许多旋转体（以平面图形的某一边为轴心，旋转整个平面图形一周所获得的立体）的容积。他将这种方法推广到三维的情形，将立体看作无限多个薄片或层的集合，并将这些不可分元的体积相加，从而获得旋转体的体积。在运用这些思想的同时，他已经向现代积分学迈进了一步。

不可分元的应用

让我们来计算一下抛物线 $y=x^2$ 下方 $x=0$ 到 $x=a$ 区域内的面积。想象一下，将所要计算的区域用 n 条（n 非常大）垂线分割（即组成不可分元），线条的高度 y 根据等式 $y=x^2$ 随着 x 的变化而变化（如图 6-3 所示）。如果这些线段以间距 d 水平地均匀分开，那么它们的高度将分别为 d^2，$(2d)^2$，$(3d)^2$，$\cdots$，$(nd)^2$。那么所要计算的面积则可近似由下面的和式表示：

$$[d^2+(2d)^2+(3d)^2+\cdots+(nd)^2]\times d=(1^2+2^2+3^2+\cdots+n^2)\times d^3$$

运用著名的整数平方和公式，上面的表达式就可以写成 $[n(n+1)(2n+1)/6]\times d^3$，经过简单的变形，可写为：

$$\frac{\left(1+\dfrac{1}{n}\right)\left(2+\dfrac{1}{n}\right)(nd)^3}{6}$$

由于点 $x=0$ 和点 $x=a$ 构成的线段长度为 a，所以 $nd=a$，因此上一个表达式就成为：

$$\frac{\left(1+\dfrac{1}{n}\right)\left(2+\dfrac{1}{n}\right)a^3}{6}$$

最后，如果让不可分元的数目无限增大（也就是 $n \to \infty$），那么 $1/n$ 则趋于 0，因此我们得到所求面积：

$$A = \frac{a^3}{3}$$

这一结果当然与积分方法所得到的结果 $A = \int_0^a x^2 \mathrm{d}x = a^3/3$ 一致。它当然也符合阿基米德通过穷尽法所得的结果：图 6-3 中所示的抛物扇形域 OPQ 的面积是三角形 OPQ 的面积的 4/3。

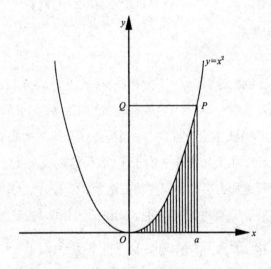

图 6-3　利用不可分量法计算抛物线投影面积

暂且不管不可分量法的开创者们对不可分元的确切含义理解含糊的事实，这一方法本身是非常粗糙的，而且很大程度上取决于一个合适的求和公式。这种方法就不能用于求解双曲线 $y = 1/x$ 投影区域的面积，因为找不到一个合适的整数求和公式用于这种面积的计算。因此，尽管这种方法对很多特定的例子有效，但它还缺乏通用性以及现代积分手段所具备的代数学特性。

第 7 章

双曲线的求积

"乔治·圣文森特是最伟大的圆的求积者……他发现了双曲线的面积特性，双曲线的出现使得纳皮尔对数被称作双曲函数。"

——奥古斯塔斯·德·摩根，《伟人的故事》

（ *The encyclopedia of eccentrics* ，1915 ）

计算封闭的平面图形的面积问题被称为**求积**（quadrature 或者 squaring）。这一说法涉及了问题的本质：用面积单位（平方）来表示区域的面积。对古希腊人而言，这就意味着给定形状需要等价转换为可以用基本规则计算面积的形状。举个简单的例子，假设我们要计算一个边长分别为 a 和 b 的长方形的面积。要使这个长方形的面积与一个边长为 x 的正方形的面积相等，那么必定有 $x^2 = ab$，或者 $x = \sqrt{ab}$。用直角三角尺以及圆规，我们可以很轻松地得到长为 $\sqrt{ab}$ 的线段，如图 7-1 所示。因此，我们可以对任意长方形求积，也可以对任意的平行四边形和三角形求积，因为这两种形状可以由长方形经过简单的构造而得（如图 7-2 所示）。紧接着，任意多边形的求积问题也迎刃而解，因为多边形总是可以被分割为多个三角形。

随着时间的推移，求积问题的纯几何方法逐渐被一种更适合计算的方法取代。人们不再需要实际构造等面积的形状，只要原则上这一构造工作可以被证明就行。从这个意义上讲，穷尽法并不是真正的求积运算，因为它需要无穷多步，而且无法由纯几何方法完成。但随着在 1600 年左右无限运算被数学界所接受，这一严格的限制也被解除了，因此求积问题就变成了纯粹的计算问题。

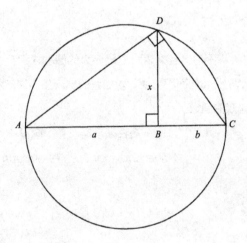

图 7-1　利用直角三角尺和圆规构造长为 $x=\sqrt{ab}$ 的线段。在一条直线上有两条相邻的线段 AB 和 BC，它们的长分别为 a、b，线段 AB 和 BC 构成圆的直径 AC。在 B 点作一条垂直向上的线，并与圆相交于 D 点。假设线段 BD 的长度为 x。由几何中一个常用的定理可知，$\angle ADC$ 是直角。因此 $\angle BAD=\angle BDC$，继而三角形 BAD 与三角形 BDC 相似。所以 $AB/BD=BD/BC$，即 $a/x=x/b$，从中可以推导出 $x=\sqrt{ab}$

在所有图形中，双曲线是所有求积尝试中最难啃的一块骨头。它是由一个平面以大于圆锥底面和边之间夹角的角度切割圆锥而得到的（也正因为如此，双曲线的英文单词 hyperbola 中含有前缀 "hyper"，意思就是 "超过"）。与大家常见的冰激凌略有不同的是，这里所指的圆锥体由两个顶点相互重叠的等分半圆锥构成。正因为如此，一条双曲线实际上包括两条彼此独立且对称的分支 [如图 6-1(d) 所示]。此外，双曲线还有两条与之相关的直线，也就是双曲线在无穷远处的切线。当从中心沿着每个分支往外移动时，我们可以非常接近这两条线，但永远也无法与它们相交。这两条线叫作双曲线的**渐近线**（在希腊语中的意思是"不会相遇"），这是很早以前讨论极限概念时的几何表示方法。

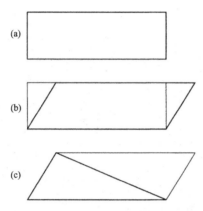

图 7-2　长方形（a）和平行四边形（b）有相同的面积，
而三角形（c）则只有其一半的面积

古希腊人从纯几何的角度出发研究了圆锥曲线。但 17 世纪解析几何的发明使得对几何对象（尤其是曲线）的研究渐渐地变成了代数的一部分。有人将曲线上点所对应的坐标值 x 和 y 用**方程**来表示，而不只是从曲线本身考虑。结果表明，每一种圆锥曲线都是通式为 $Ax^2+By^2+Cxy+Dx+Ey=F$ 的二次方程的特例。例如，如果 $A=B=F=1$ 且 $C=D=E=0$，方程就变成 $x^2+y^2=1$，它对应的图形就是一个圆心在原点且半径为 1 的圆（也就是单位圆）。图 7-3 所示的双曲线对应于 $A=B=D=E=0$ 且 $C=F=1$ 时的情形，它的方程式是 $xy=1$（或者等价地写为 $y=1/x$），而它的渐近线则分别为 x 轴和 y 轴。由于渐近线是相互垂直的，这种双曲线也被称作**直角双曲线**。

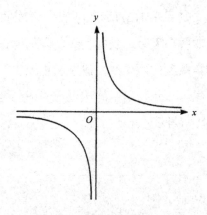

图 7-3　直角双曲线 y=1/x

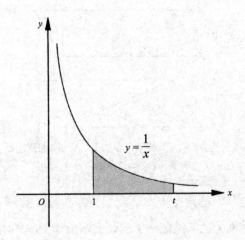

图 7-4　直角双曲线在 x=1 至 x=t 范围内的投影面积

　　我们都还记得，阿基米德尝试过对双曲线求积，但是没有成功。当 17 世纪初不可分量法发展起来的时候，数学家们重新开始追求这一目标。与圆和椭圆不同的是，现在双曲线是一种无限延展的曲线，所以我们要弄清楚在这个问题中求积意味着什么。图 7-4 所示的是双曲线 $xy=1$ 的一支。在 x 轴上，我们标记了一个固定点 $x=1$ 和一个可变点 $x=t$，而"双曲线的投影面积"则是指由曲线 $xy=1$、x 轴以及 $x=1$ 和 $x=t$ 的垂线构成区域的面积。显而易见，这一面积的数值取决于变量 t 的值，也就是说面积是变量 t 的函数。让我们用 $A(t)$ 来表示这个面积。双曲线求积的问题发展成了寻找这一函数的问题，

即找到一个与变量 t 有关的面积公式。

在 17 世纪初，好几位数学家都尝试独立解决这一问题。他们中比较著名的有皮埃尔·德·费马（1601—1665）以及笛卡儿。他们与布莱士·帕斯卡（1623—1662）一起成为微积分发明之前法国的三大数学巨头。与音乐上的巴赫和亨德尔一样，笛卡儿和费马像是数学研究上的双胞胎那样总是被人们同时提及。然而，除了他们都是法国人且出生在同一个时代外，人们很难找到他们之间其他相似的地方。笛卡儿开始他的专业生涯时还是一名士兵，他曾亲眼看见了那个时期波及整个欧洲的各种区域性战争。他曾不止一次地改变阵营，只要对方需要他服役。一天夜里，他梦见上帝信任地交给他一把揭开宇宙万物秘密的钥匙。尽管那时仍在服兵役，笛卡儿还是转向了哲学，并成为当时欧洲最有影响力的一个哲学家。他的格言是"我思故我在"，这句话概括了他认为理性世界是由因果和数学所主宰的信念。他对数学的兴趣排在哲学之后而位居第二。他仅发表了一篇关于数学的重要文章，但它改变了整个数学学科。在 1637 年发表的《几何学》（*La Géométrie*，该文是他主要的哲学著作《科学中正确运用理性和追求真理的方法论》3 个附录中的一个）一文中，笛卡儿将解析几何介绍给了全世界。

据说解析几何的灵感是笛卡儿在无意中得来的。某天早晨，他躺在床上凝视着天花板上一只爬行的苍蝇。而解析几何所要描述的就是平面中的任意一点都可以用两个数（即它到两条固定直线之间的距离）来表示（如图 7-5 所示），这两个数（也就是该点的坐标值）让笛卡儿完成了从几何关系到代数方程的转化。他认为连接多个点的轨迹所形成的曲线具有一个特定的通性，将曲线上点的坐标值看作变量，便可将这一通性用与变量有关的方程表达出来。举个简单的例子：一个单位圆就是距离中心点为 1 个单位的所有点（位于同一平面中）形成的轨迹。如果将圆的圆心放在坐标系的原点处，那么根据毕达哥拉斯定理（也就是勾股定理）就可以得到单位圆的表达式：$x^2+y^2=1$（前面介绍过，这是通用二次方程的一个特例）。需要注意的是，笛卡儿坐标体系并不是直角坐标系而是斜坐标系，而且只考虑了正坐标，即所有的点都位于第一象限内，这与现在通常的做法相差甚远。

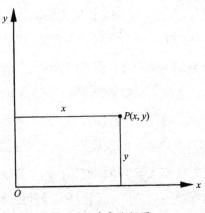

图 7-5 直角坐标系

《几何学》对后来一代又一代的数学家们产生了深远的影响，这其中就包括通过借阅拉丁文译本自学的剑桥大学的年轻学生牛顿。笛卡儿的工作终结了以几何作图及证明为本质的经典古希腊几何。从那以后，几何学与代数学变得密不可分，再往后它与微积分的关系也是如此紧密。

费马则与笛卡儿完全相反。当笛卡儿习以为常地更换地方、宗教信仰及职业时，费马则相当稳定，他的生活是如此平淡无奇，以至于都没有故事留存于世。他的第一份工作是公务员，1631 年，他成为图卢兹市最高法院的一员，直到去世。在空闲时间里，他会学习语言、哲学、文学以及诗歌，但他的主要贡献在数学上，虽然数学被他视为一种智力消遣活动。他同时期的很多数学家同时还是物理学家和天文学家，但费马是纯数学家中的典范。他的主要兴趣是数论，这是所有数学分支中最"纯"的一个。他在数论领域的贡献非常巨大，其中最著名的莫过于费马大定理：方程 $x^n + y^n = z^n$ 仅在 $n = 1$ 和 2 时存在正整数解。在前面我们提到，古希腊人通过毕达哥拉斯定理已经知道了 $n = 2$ 的情形。他们知道某些特定的三角形，其边长都为整数值，例如边长分别为 3、4、5 或 5、12、13 的三角形（事实上，$3^2 + 4^2 = 5^2$，$5^2 + 12^2 = 13^2$）。所以自然而然地，人们就会关心更高次的方程是否也存在类似的整数解（这里我们排除了 0、0、0 及 1、0、1 的情形）。费马给出的答案是"不存在"。在一本《算术》(*Arithmetica*,一本经典的数论著作,由公元 3 世纪亚历山大大帝时期的丢番图所著,后在 1621 年被翻译为拉丁文)复印本的页边空白处,他这样写道:"要把一个立方体划分为 2 个立方体,或者更普遍地,要将任何一个指数大于 2 的乘方分成两个同样指数的乘方,这都是不可能的。我已经找到一种绝妙的证明方法,只是这个空白处太窄,写不下。"尽管人们进行过各种各样的尝试,也先后误传出许多成功的消息,并且在人们代入成千上万个特殊 n 值后验证了这一猜想的正确性,但其一般性依然未得到证明。这就是著名的费马大定理(当然,在未得到证明之前称之为"定理"是不准确的),也是迄今为止最为著名的未解决的数学难题。[1]

与我们的主题相近的是,费马对方程为 $y=x^n$(其中 n 为正整数)的函数曲线求积分非常感兴趣。这些曲线有时候被称为广义抛物线(抛物线本身是指 $n=2$ 的情形)。费马通过一系列底边长呈几何递减的矩形,对曲线下的投影面积进行了近似计算。当然,这与当年阿基米德的穷尽法非常相似,但与他不同的是,费马对于求无穷级数的和毫不避讳。图 7-6 就是曲线 $y=x^n$ 在 $x=0$ 至 $x=a$ 范围内的划分方法。想象一下,$x=0$ 至 $x=a$ 的这段区间被无穷多个点(如 K、L、M、N 等)划分为无穷多个子区间,其中 $ON=a$。然后,从 N 点开始,依次往前划分线段,使所得的线段依次呈几何级数递减,即 $ON=a$,$OM=ar$,$OL=ar^2$,…,其中 r 是比 1 小的正实数。这些点在曲线上所对应的高(即纵坐标)分别是 a^n,$(ar)^n$,$(ar^2)^n$,$(ar^3)^n$,…。从中我们不难计算出每个长方形的面积,并应用无穷几何级数的求和公式求出它们的面积和。结果为公式:

$$A_r = \frac{a^{n+1}(1-r)}{1-r^{n+1}} \qquad (1)$$

其中 A 的下标 r 意味着此时的面积依然取决于 r 的取值。[2]

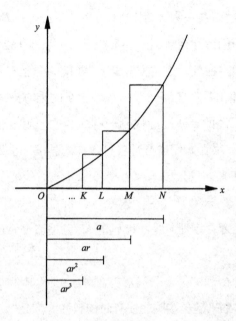

图 7-6　费马通过一系列底边长呈几何递减的矩形，来近似计算曲线 $y=x^n$ 的投影面积

随后费马意识到，要提高这些长方形与实际曲线之间的吻合度，必须将每个长方形的宽缩减到更小（如图 7-7 所示）。要达到这个效果，比值 r 必须接近 1，r 越接近 1，拟合程度就越高。但是，当 $r \to 1$ 时，式 (1) 变成了 0/0 的不定式。费马注意到式 (1) 中的分母部分 $1-r^{n+1}$ 可以变形为 $(1-r)(1+r+r^2+\cdots+r^n)$，所以不定式的问题迎刃而解。将分子和分母中相同的项 $(1-r)$ 消去后，式 (1) 变成：

$$A_r = \frac{a^{n+1}}{1+r+r^2+\cdots+r^n}$$

在 $r \to 1$ 的情形下，分母中的每一项都趋近于 1，这样就可以得到公式：

$$A = \frac{a^{n+1}}{n+1} \tag{2}$$

每个学习过微积分的读者都会认出式 (2) 实际上就是积分式 $\int_0^a x^n \, dx = a^{n+1}/(n+1)$。不过需要指出的是，费马的这些工作大约完成于 1640 年，这比后来牛顿和莱布尼茨所建立的积分公式中出现的这个形式要早 30 年。[3]

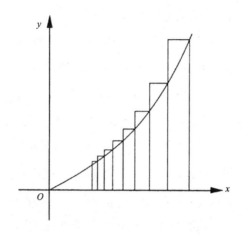

图 7-7　可以通过缩小长方形的宽、增加长方形的个数来得到更精确的解

费马的成果被看作一项意义重大的突破，因为这种方法不只是对一条曲线求积分，而是对形如 $y=x^n$（其中 n 为正整数）的所有曲线求积分。（验证一下，在 $n=2$ 时的结果 $A=a^3/3$ 与阿基米德给出的抛物线计算结果是一致的。）通过一个小小的改动，费马进一步得出结论：将 x 的区间限定在 $x=a$（其中 $a>0$）至无穷大时，即使 n 为负整数，式 (2) 依然成立。[4] 当 n 为负整数时，不妨假设 $n=-m$（其中 m 为正整数），我们就可以得到曲线家族函数 $y=x^{-m}=1/x^m$，这也常被称为广义双曲线。针对这一种情形的求解问题，费马的做法是非常值得称道的，这主要是因为尽管等式 $y=x^m$ 和 $y=x^{-m}$ 非常相似，但它们分别表示不同种类的曲线：前者在任意一点都是连续的，而后者在 $x=0$ 时是无穷大，也就是说在 $x=0$ 处不连续（垂直的渐近线）。我们不难想象当费马发现他之前得出的结论在条件放宽（原先要求 n 必须为正整数）后依然成立时的喜悦心情。[5]

不过，也存在失效的例子。对于作为曲线家族代表的双曲线 $y=1/x=x^{-1}$，费马公式是不适用的。这是因为在 $n=-1$ 时，式 (2) 中的分母 $n+1$ 变成了 0。当费马发现他的公式对如此重要的情形不适用时，他一定具有强烈的挫败感，但他只是轻描淡写地说了句简单的话："我认为所有的双曲线中，除了阿波罗尼奥斯曲线中的一个或者说第一个（双曲线 $y=1/x$）外，其余的都可以通过统一的步骤用几何级数方法求积分。"[6]

费马同时期的另一位不为人们所熟知的科学家则解决了非收敛的特殊情况。乔治·圣文森特（1584—1667）是比利时耶稣会的一位会士，他一生中花费了大量的时间来解决各种各样的求积分问题，尤其是圆，他因此被同僚们称为圆的求积者（结果证明，对圆求积时，他的方法是错的）。1631年瑞典军队迫近，他仓皇逃离布拉格时留下了成千上万张手稿，所有这些文稿都因他的一位同事的抢救和保管才得以在10年后完璧归赵，并组成了他的主要著作 *Opus geometricum quadraturae circuli et sectionum coni*（1647）。公开发表的滞后使得圣文森特难以确立他百分百的首创地位，但他似乎是第一个注意到这一规律的人：在 $n=-1$ 时，用于计算双曲线下投影面积的所有长方形都有着相同的面积。事实上（见图7-8），从 N 点开始，相邻的各长方形的宽分别为 $a-ar=a(1-r)$，$ar-ar^2=ar(1-r)$，$\cdots$，而在点 $N, M, L, \cdots$ 处相应的高分别为 $a^{-1}=1/a$，$(ar)^{-1}=1/ar$，$(ar^2)^{-1}=1/ar^2$，$\cdots$。所以，相应的面积则为 $a(1-r)\times 1/a=1-r$，$ar(1-r)\times 1/ar=1-r$，等等。这也就意味着，当距离从0开始按几何级数增长时，相应的面积也以等增量增长，而这一规律即使在 $r\to 1$ 的极限情况下（也就是将不连续的长方形转变为连续的双曲线）也依然成立。这转而表明了所求面积与距离之间的关系符合对数形式。更确切地说，如果用 $A(t)$ 来表示双曲线在固定参考点（$x>0$，通常我们都选择 $x=1$）至可变点 $(x=t)$ 范围内的投影面积，那么就可以得到 $A(t)=\lg t$。圣文森特的一位学生阿方索·安东·赛瑞萨（1618—1667）详细地记下了这一关系[7]，这也是人们第一次运用对数函数，而在此之前对数主要被视为一种计算方法。[8]

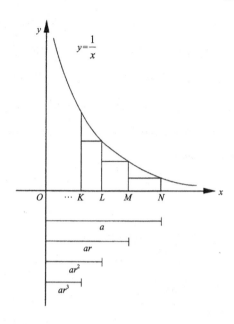

图 7-8 将费马的方法应用于双曲线。圣文森特注意到，当长方形的宽构成几何级数时，这些长方形的面积相等。因此，曲线的投影面积与水平距离的对数是成比例的

因此，在古希腊人首次遇到这个问题的 2000 年后，双曲线的求积工作终于完成了。只不过还有一个问题没有得到解决：公式 $A(t)=\lg t$ 确实能用以 t 为变量的函数来计算双曲线的投影面积，但它不适合数字化的计算，因为没有指定的底数。要使得这一公式更具实用性，我们必须选择一个底数。可以采用任意底数吗？答案是"不行"，因为双曲线 $y=1/x$ 及其下的投影面积（比如说在 $x=1$ 到 $x=t$ 范围内）与底数的选择有关。（这一情形也与圆类似：我们都知道圆面积与半径之间的普遍对应关系为 $A=kr^2$，但是我们并不能任意选择系数 k 的值。）因此，一定存在某个特定的"自然"底数可以数字化地确定这一面积关系。我们将会在第 10 章看到，这一底数就是数字 e。

到了 16 世纪中叶，积分的主要思想已经在当时的数学界得到普及。[9]尽管不可分量法的地位已经岌岌可危，但它还是被成功地用于一大批曲线和

立方体计算中；而阿基米德的穷尽法则以其修正后的现代面孔解决了曲线家族 $y=x^n$ 的求积问题。虽然这些方法都被成功地应用于某些方面，但它们并没有融合为一个统一的系统，每种问题都需要一个不同的方法，而成功与否还取决于几何技巧、代数技巧以及幸运女神的眷顾。这时，所需要的是一个通用而系统的程序，即一套可以简单而有效地解决这些问题的算法，而这是由牛顿和莱布尼茨联合贡献的。

第 8 章

一门新科学的诞生

> "（牛顿的）独特天赋就是能够在大脑中一直记住一
> 个智力题，直至解出它。"
>
> ——约翰·梅纳德·凯恩斯

艾萨克·牛顿于 1642 年（伽利略去世的那一年）的圣诞节（按照罗马儒略历计算）出生于英格兰林肯郡的沃尔索普村。关于这一巧合有一种说法：半个世纪前伽利略建立了力学的基础，而牛顿则在此基础上建立了用于描述宇宙的伟大的数学语言。在描述牛顿的所有语句中，没有哪条比《圣经》中的诗句更具先见之明了：一代过去，一代又来，地球却永存 [1]。

牛顿童年时代的生活被家庭厄运的阴影所笼罩。他的父亲在他出生前几个月去世了，很快母亲改嫁，但没过多久她的第二任丈夫也离她而去。年幼的牛顿被交给了他的外祖母抚养。牛顿在 13 岁时就被送往文法学校学习希腊语、拉丁语，但只学了很少一点数学。1661 年，他进入剑桥大学三一学院学习。此后，他的生活进入了一个崭新的阶段。

作为一名大一新生，他那时学习的还是一些传统课程，主要是语言、历史和宗教。我们无法确切知晓他的数学兴趣是何时以何种方式被激发的。他自学了一些数学名著：欧几里得的《几何原本》、笛卡儿的《几何学》、沃利斯的《无穷算术》以及韦达和开普勒的著作。这些书都非常深奥难懂，即使是在书中的大部分内容已广为人知的今天。当然，在那个只有少数人懂数学的时代，知晓这些著作内容的人少之又少。牛顿在自学这些著作时没有得到任何外界帮助，朋友中也几乎无人可以分享他的思想。这为他后来成为一位隐士般的天才创造了条件，他几乎不需要任何外界的帮助就能完成伟大的发现。[2]

1665 年，牛顿 23 岁，一场瘟疫导致牛津大学闭校停课。对大部分同学而言，这就意味着他们正常学业的中断，甚至可能毁掉他们未来的职业生涯，但于牛顿截然相反。他回到了林肯郡的家中。在那里整整两年，他的思想自由驰骋，而他自己的宇宙观也在此期间逐渐形成。这段"流金岁月"（用他自己的话说）是他一生中最多产的时期，而这一时期的丰硕成果也将改变"科学"这门学科。[3]

牛顿在数学上的第一个重要发现与无穷级数有关。第 4 章介绍过，$(a+b)^n$ 的展开式在 n 为正整数时包含 $n+1$ 项，而这些项的系数可以根据帕斯卡三角形获得。在 1664 年到 1665 年的那个冬天，牛顿将展开式推广到 n 为分数的情形。在接下来的那个秋天，他完成了当 n 为负数时的展开式。然而，对这几种情形而言，展开式均涉及无穷多项，也就构成了**无穷级数**。为了解这点，让我们将帕斯卡三角形写成与以前我们所看到的略有不同的形式：

$$
\begin{array}{lccccccc}
n=0: & 1 & 0 & 0 & 0 & 0 & 0 & \cdots \\
n=1: & 1 & 1 & 0 & 0 & 0 & 0 & \cdots \\
n=2: & 1 & 2 & 1 & 0 & 0 & 0 & \cdots \\
n=3: & 1 & 3 & 3 & 1 & 0 & 0 & \cdots \\
n=4: & 1 & 4 & 6 & 4 & 1 & 0 & \cdots \\
\end{array}
$$

（这一"阶梯"版的三角形首次出现是在 1544 年迈克尔·斯蒂弗尔的《整数算术》中，我们曾在第 1 章中提及此书。）大家都还记得，将任意一行的第 j 项的值与第 $j-1$ 项的值相加就可以得到下一行中第 j 项的值，所形成的路径大致为 ↗。其中每行结尾的 0 意味着展开式是有限的。为了解决 n 为负整数的情形，牛顿反其道而行，得到了反向（向上）的扩展表，将某一行中第 j 项的值减去上一行中第 $j-1$ 项的值得到上一行中第 j 项的值，所形成的路径为 ↖。已知每一行的第一项都是 1，他得到了如下的矩阵：

$$
\begin{array}{rrrrrrrrl}
n=-4: & 1 & -4 & 10 & -20 & 35 & -56 & 84 & \cdots \\
n=-3: & 1 & -3 & 6 & -10 & 15 & -21 & 28 & \cdots \\
n=-2: & 1 & -2 & 3 & -4 & 5 & -6 & 7 & \cdots \\
n=-1: & 1 & -1 & 1 & -1 & 1 & -1 & 1 & \cdots \\
n=0: & 1 & 0 & 0 & 0 & 0 & 0 & 0 & \cdots \\
n=1: & 1 & 1 & 0 & 0 & 0 & 0 & 0 & \cdots \\
n=2: & 1 & 2 & 1 & 0 & 0 & 0 & 0 & \cdots \\
n=3: & 1 & 3 & 3 & 1 & 0 & 0 & 0 & \cdots \\
n=4: & 1 & 4 & 6 & 4 & 1 & 0 & 0 & \cdots
\end{array}
$$

举个例子，在 $n=-4$ 所对应的行中，数字 84 就是由它下一行中的 28 减去它左边的 -56 所得：$28-(-56)=84$。反向扩展的结果之一就是：当 n 为负整数时，展开工作没有止境，我们会得到一个无限序列，而非有限和。

至于 n 为分数的情形，牛顿仔细研究了帕斯卡三角形中数字的形式，直到可以"读懂字里行间的意思"，然后在其中插入 $n=1/2, 3/2, 5/2 \cdots$ 时的系数。例如，在 $n=1/2$ 时，他得到系数 $1, 1/2, -1/8, 1/16, -5/218, 7/256 \cdots$。[4] 所以，$(1+x)^{1/2}$（也就是 $\sqrt{1+x}$）的展开式用无穷级数可以表示为 $1+(1/2)x-(1/8)x^2+(1/16)x^3-(5/128)x^4+(7/256)x^5-\cdots$。

牛顿并没有证明他所得到的 n 为负整数和分数时的二项式展开式，他只是归纳了一下。为了复查这些结果，他将 $(1+x)^{1/2}$ 展开式的序列逐项相乘，令他欣慰的是，最终的结果是 $1+x$。[5] 另一条暗示他的方法基本正确的线索是，在 $n=-1$ 时，帕斯卡三角形中的各项系数分别为 1，−1，1，−1，⋯。如果我们用这些系数来展开表达式 $(1+x)^{-1}$，就可以得到无穷级数：

$$1-x+x^2-x^3+\cdots$$

这就变成了一个简单的无穷几何级数，起始项为 1，而公比为 $-x$。初等代数告诉我们，如果公比在 −1 到 1 之间，那么序列一定收敛于 $1/(1+x)$。所以牛顿确定，他的推断至少对于这种情况是成立的。同时，它也给牛顿提了一个醒：不能像处理有限序列那样处理无穷级数，因为在这个问题中收敛性是至关重要的。他并没有使用"收敛"这个词，因为当时极限和收敛的概念还没有出现，但是他清楚地意识到，要使结果正确，x 必须足够小。

后来牛顿将他的二项式展开式表示为：

$$(P+PQ)^{\frac{m}{n}}=P^{\frac{m}{n}}+\frac{m}{n}\times AQ+\frac{m-n}{2n}\times BQ+\frac{m-2n}{3n}\times CQ+\cdots$$

其中 A 表示展开式中的第一项（也就是 $P^{\frac{m}{n}}$），B 为第二项，依此类推（这与第 4 章中的公式是等价的）。尽管牛顿在 1665 年就得到了这一公式，但直到 1676 年，牛顿为了回应莱布尼茨对这一问题的询问，才在给皇家学会秘书亨利·奥尔登伯格的信中公布了这一公式。牛顿公开其发现时拖拖拉拉的行为成为他一生的标志，这也带来了他和莱布尼茨之间痛苦的争论：谁才是首先发明微积分的人。

牛顿用他的二项式理论将各种曲线表示为变量 x 的无穷级数方程，用今天的话说，就是变量 x 的指数序列。他把这些序列简单地看作多项式，并按照代数中的常规法则进行运算。（现在我们都知道，这些法则对无穷级数并非总是成立，但牛顿并没有意识到这种内在的差别。）将费马公式 $x^{n+1}/(n+1)$ 应用到序列中的每一项（用现代语言描述就是逐项积分），牛顿实现了对许多新曲线的求积。

　　牛顿对方程 $(x+1)y=1$ 特别感兴趣,这一方程的曲线如图 8-1 所示,它也是双曲线,只不过是由标准双曲线 $xy=1$ 向左平移一个单位得到的。如果我们将方程写成 $y=1/(x+1)=(1+x)^{-1}$ 的形式,并将它以 x 的乘方展开,就可以得到前面的序列 $1-x+x^2-x^3+\cdots$。牛顿已经注意到圣文森特的发现:双曲线 $y=1/x$ 与 x 轴在 $x=1$ 至 $x=t$ 范围内所构成的图形的面积,即 $\lg t$。这就意味着,双曲线 $y=1/(x+1)$ 与 x 轴在 $x=0$ 至 $x=t$ 范围内所构成图形的面积(如图 8-1 所示)为 $\lg(t+1)$。所以,将等式 $(1+x)^{-1}=1-x+x^2-x^3+\cdots$ 的每一项都用费马公式代入,并考虑相应图形面积相等的条件,牛顿发现了著名的序列:

$$\lg\,(1+t)=t-\frac{t^2}{2}+\frac{t^3}{3}-\frac{t^4}{4}+\cdots$$

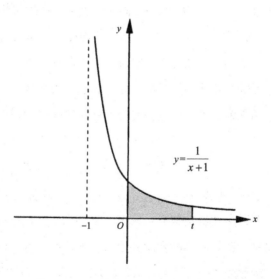

图 8-1　双曲线 $y=1/(x+1)$ 在 $x=0$ 至 $x=t$ 范围内的面积为 $\lg(t+1)$

　　这一序列在 $-1<t\le 1$ 时是收敛的,并且理论上它可用于计算任何数的对数,但这一序列收敛缓慢,使得该方法并没有太大的实用价值。[6] 这次牛顿依然保持了他一贯的风格,没有公开他的发现,不过这次他有一个很好的理由。1668 年,尼古拉斯·麦卡托(约 1620—1687[7],出生于荷尔

斯泰因，之后去了丹麦，并在英格兰度过了他大部分的时间）发表了《对数法》，这一序列在其中首次亮相（圣文森特也独立发现了这一序列）。当阅读到麦卡托的文章时，牛顿有些许失落，觉得理应属于他的荣誉被麦卡托生生夺走了。人们可能觉得这一小插曲会让牛顿将来公开他的新发现时迅速一些，但事实并非如此。从那以后，牛顿只向他封闭的朋友圈和同事们透露他的工作。

在对数系列的发现征程中还有另外一位战士。在麦卡托发表其作品的那一年，英国皇家学会创始人及首任会长威廉·布隆科尔（约 1620—1684）则明确地将双曲线 $y=1/(x+1)$ 与 x 轴在 $x=0$ 至 $x=t$ 范围内所构成的图形的面积表示为无穷级数 $1-1/2+1/3-1/4+\cdots$，即 $1/(1\times2)+1/(3\times4)+1/(5\times6)+\cdots$（后面这个序列是通过对前一序列相邻项相加所得到的）。这一序列是麦卡托序列在 $t=1$ 时的特例。实际上，布隆科尔选取了序列中相当多的项并对它们求和，从而得到了值 0.693 147 09，这个值被认为与 lg 2 的值"成比例"。现在我们都知道，所谓的"成比例"实际上就是相等，这主要是由于在双曲线求积问题中出现的对数是自然对数，即对数的底为常数 e。

在微积分发明之前，类似于谁先发现对数序列这样的问题非常普遍，因为当时有很多数学家都在独立地对相近的想法进行研究，并最终得到相同的结果。许多这样的发现都没有正式地在图书或期刊中发表过，仅仅是通过小册子或者同事和学生之间的私人信件进行传播。牛顿就以这种方式公布过他的许多发现，而这种方式给他自己带来了不幸的后果，更给整个科学界造成了损失。幸运的是，对数序列的发现并没有引起什么大的争论，因为在牛顿的脑海中已经初步形成了一项更为伟大的发现：微积分。

微积分的英语单词"calculus"是短语"differential and integral calculus"（意即微分与积分）的简写，也写作 infinitesimal calculus，它包括两个主要分支。但就微积分的单词"calculus"本身而言，它与这一特定的数学分支之间并没有什么关系；从广义上讲，它指的是对数学对象的系统操作，不管是数字还是抽象的符号。在拉丁语中"calculus"一词表示鹅卵石，它在数学中出现则与利用鹅卵石（这是大家熟悉的算盘的雏形）估算有关。这一单词的词根是“calc”或“calx”。单词“calcium”（钙）和“chalk”（白垩）也由此派生出来。对单词“calculus”的严格定义（微分与积分）则得益于莱布尼茨。牛顿从未使用过这个单词，他更乐意将他的发明称为“流数法”（method of fluxions）。

微分主要的研究对象是“变化”，更具体地说是变量的变化率。我们身边的大多数物理现象都涉及随时间变化的量，比如运动中汽车的速度、温度计上温度的读数以及电路中的电流。现在我们将诸如此类变化的量称为变量，牛顿则称为*流*。微分与变量的变化率有关，用牛顿的说法就是微分即给定变数的*流数*。他对名词的选择反映了他工作时的想法。牛顿不仅仅是一位数学家，更是一位物理学家。他的宇宙观是动态的，即任何事物都因受某已知力的作用而处于连续的运动状态。这一观点当然不是牛顿首创的，它主要是为了解释各种因受力而产生的运动，可以追溯到古代，并在 17 世纪初伽利略建立力学基础时达到巅峰。但是，牛顿将各种已知的现象归纳成一个统一而重要的理论——万有引力定律，这一成果于 1687 年首次发表于他的著作《原理》中。尽管他的发明与他的工作并不直接关联（他很少在《原理》中运用它，并且会在运用到它的时候用几何形式仔细推导[8]），但这毫不影响他的动态宇宙观。

牛顿对偏差的观点需要考虑与一个等式相关的两个变量，例如 $y=x^2$[现在我们将这种关系表达式称为*函数*，为了表示 y 是 x 的函数，通常写成 $y=f(x)$]。在我们的抛物线例子中，这样的关系以图形的形式展现在 xy 平面上。牛顿将函数的图形视为点 $P(x,y)$ 运动时所产生的曲线。既然点 P 的轨迹形成了曲线，那么 x 和 y 坐标值均随时间变化。在这里，时间被视为以一定速率形成的“流”（flow），这也是单词“fluent”的来历。现在，牛顿开始着手去寻找 x 和 y 坐标值随时间变化的固定比值，也就是它们的流数。他将 $x(y)$ 的相邻两个坐标值之间的差值除以时间间隔，从而得到差异值或变化值。最终，至关重要的一点是将间隔时间设为 0，或者更准确地说是假设它无限小，小得完全可以忽略。

让我们来详细了解一下函数 $y=x^2$。假设有一个小的时间间隔 ε（实际上牛顿用的是字母 O，但由于它与数字 0 太相近，我们用 ε 来代替），在这一时间间隔里，x 坐标值的变化量为 $\dot{x}\varepsilon$，其中 $\dot{x}$ 是牛顿对 x 的变化率或流数的记法（也就是常说的"点记法"）。y 的变化可类似地表示为 $\dot{y}\varepsilon$。分别将 $x+\dot{x}\varepsilon$ 以及 $y+\dot{y}\varepsilon$ 代入等式 $y=x^2$ 中，得到 $y+\dot{y}\varepsilon=(x+\dot{x}\varepsilon)^2=x^2+2x(\dot{x}\varepsilon)+(\dot{x}\varepsilon)^2$。由于 $y=x^2$，我们可以分别消去等式左边的 y 和右边的 x^2，从而得到 $\dot{y}\varepsilon=2x(\dot{x}\varepsilon)+(\dot{x}\varepsilon)^2$。两边都除以 ε，就有 $\dot{y}=2x\dot{x}+\dot{x}^2\varepsilon$。最后一步是令 ε 等于 0，于是得到 $\dot{y}=2x\dot{x}$。这就是 x 和 y 所对应的流数之间的关系，用现代数学语言表述就是：将变量 x 和 y 看作时间的函数时，变量 x 和 y 的变化率之间的关系。

牛顿给出了好几个例子来阐述他的流数法。这种方法是完全通用的，可以被用于以等式关联的任意两个数的运算。通过上述过程，人们可以得到原始变量所对应的流数或变化率之间的关系。读者可以尝试计算一下牛顿给出的一个例子，即三次方程 $x^3-ax^2+axy-y^3=0$。这一等式所对应的 x 和 y 的流数的关系式是：

$$3x^2\dot{x} - 2ax\dot{x} + ax\dot{y} + ay\dot{x} - 3y^2\dot{y}=0$$

这个等式比抛物线的情形要复杂许多，但举这个例子的目的是：让我们能够计算出曲线上任意一点 $P(x,y)$ 中变量 x 和 y 的变化率之间的关系（x 随 y 变化和 y 随 x 变化）。

这种流数法的作用不仅仅是寻找变量随时间变化的变化率之间的关系。如果将 y 和 x 的流数相除（也就是计算比值 $\dot{y}/\dot{x}$），就可以得到 y 随 x 变化的变化率。而这个值有一个简单的几何含义：每一点上曲线的陡峭程度。更确切地讲，比值 $\dot{y}/\dot{x}$ 代表的是曲线上的点 $P(x,y)$ 所对应切线的斜率，所谓斜率指的是该点的上升趋势与前进趋势的比值。举个例子，对于抛物线 $y=x^2$ 而言，我们得到两个流数之间的关系式 $\dot{y}=2x\dot{x}$，因此就有 $\dot{y}/\dot{x}=2x$。这也就意味着，抛物线上的每一点 $P(x,y)$ 的切线的斜率都是该点 x 坐标值的两倍。

如果 $x=3$，斜率就是 6；如果 $x=-3$，斜率就是 -6（一个负的斜率意味着当 x 从左至右变化时，曲线是下降的）；如果 $x=0$，斜率也就是 0（这意味着抛物线在 $x=0$ 处存在一条水平切线），等等（如图 8-2 所示）。

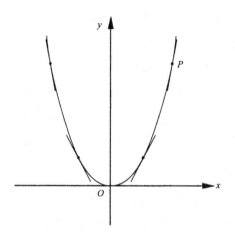

图 8-2 抛物线 $y=x^2$ 的切线

让我们强调最后一点。尽管牛顿将 x 和 y 看成随时间变化的量，但他以纯粹的几何方法来解释流数，而这与时间并无关联。他之所以引入时间的概念，只是因为他心理上需要以这种方式来表达他的这种想法。牛顿将他的方法应用在很多种曲线上，去计算它们的斜率、最高点和最低点（最大值和最小值）、曲率（曲线偏离直线的程度）以及曲线的拐点（曲线由上凸变成下凹或下凹变成上凸的点）等所有与切线有关的几何特性。正由于与切线的密切关系，求解给定变量的流数的过程在牛顿时代也常被称为**切线问题**。今天，我们将这一方法称为"微分法"，而函数的流数则被称为它的"导数"。牛顿的点记法已不复存在，只有在物理学中，这种记法才会偶尔出现，而大多数情况下，现在都是采用更为有效的莱布尼茨微分记法，这种记法会在下一章中介绍。

牛顿的流数法并不能完全算是一个新概念。和积分运算一样，它曾存在过一段时间，费马和笛卡儿都在几个例子中运用过这种方法。牛顿这一发明的重要性在于它提供了一种"通用步骤"（对数）来求解几乎任何函数的变化率。现代微积分学课程中的大部分微分方法都是由他发现的。例如，如果 $y=x^n$，那么就有 $\dot{y}=nx^{n-1}\dot{x}$（其中 n 可为任意值，如正数或负数、整数或分数，甚至无理数）。尽管他的先辈们已经铺平了道路，但是牛顿将他们的观念转化为强大而通用的工具，这一工具随后被应用到几乎所有的科学分支，并获得了前所未有的成功。

接下来，牛顿考虑的是切线问题的*逆问题*：给定流数，寻找变量。这是一个复杂得多的问题，如同除法运算要比乘法运算复杂得多，或开方比乘方烦琐得多。对于简单的情形，结果可以通过"猜测"得到，例如下面这个例子。给定流数关系 $\dot{y}=2x\dot{x}$，求变量 y。一个显而易见的答案便是 $y=x^2$，但是 $y=x^2+5$ 和 $y=x^2-8$ 同样符合，或者更准确地说是 $y=x^2+c$，其中 c 是任意常数。原因在于，所有这些函数的图形都是通过将函数 $y=x^2$ 的图形上下移动而得到的（如图 8-3 所示），所以它们对于同一个 x 值有同样的斜率。因此，给定的流数关系对应着无数条曲线，而它们的区别仅在于对应的常数不同。

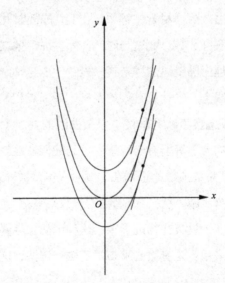

图 8-3　当曲线上下移动时，切线的斜率不变

正如前面所讲，函数 $y=x^n$ 的流数关系为 $\dot{y}=nx^{n-1}\dot{x}$，牛顿接下来对这一公式进行逆运算，用现代的语言描述就是：如果流数关系为 $\dot{y}=x^n\dot{x}$，那么相

应的变量函数（将后面的常数部分忽略）就是 $y=x^{n+1}/(n+1)$（我们可以对它进行微分来检验这一结果的正确性，微分的结果就是 $\dot{y}=x^n\dot{x}$）。这一公式不仅对 n 为整数的情形有效，对分数也同样适用。这里列出牛顿自己的例子，如果 $\dot{y}=x^{1/2}\dot{x}$，那么 $y=(2/3)x^{3/2}$。但这一公式在 $n=-1$ 时无效，因为此时的分母变成了 0。这就是流数与 $1/x$ 成比例时的情形，也是费马当年对双曲线求积时遇到的问题。牛顿知道（稍后我们就可以看到他是如何知道的）这种情况的结果涉及对数，便将它们称为"双曲对数"以区别于布里格斯的"常用对数"。

现在，根据给定流数关系求变量的过程被称为"不定积分法"或者"反微分法"，而对某一给定函数积分的结果则被称为"不定积分"（这里"不定"指的是存在任意常数的积分解）或"反导数"。但牛顿并没有局限于微分和积分运算规则的制定。让我们回忆一下费马关于曲线 $y=x^n$ 在 $x=0$ 到 x 大于 0 的某点所构成的区域面积的表述，它是用 $x^{n+1}/(n+1)$ 表示的，这与函数 $y=x^n$ 求反微分时所得到的表达式一致。牛顿认为面积与反微分之间的关系并非偶然。换言之，他意识到微积分中的两个基本问题（即切线问题和面积问题）是互逆的，这是微分学和积分学的核心。

已知一个函数 $y=f(x)$，我们可以定义一个新函数 $A(t)$ 来表示曲线 $f(x)$ 从某个固定值 x（比如 $x=a$）到某个可变值 $x=t$ 处所构成图形的面积（如图 8-4 所示）。我们将这个新函数称为原函数的"面积函数"。这是一个与 t 有关的函数，因为当我们改变 t 值时（也就是将点 $x=t$ 向左或者向右移动），图形的面积也会随之变化。对此，牛顿认为：*在点 $x=t$ 处，面积函数随 t 变化的变化率与原函数在该点的值是相等的*。用现代数学语言表达就是，$A(t)$ 的导数等于 $f(t)$，即 $A(t)$ 本身是函数 $f(t)$ 的一个反导数。因此，要得到函数 $y=f(x)$ 下的投影面积，我们必须找到 $f(x)$ 的反导数（其中变量 t 用 x 代替了）。这也说明了寻找面积函数和寻找原函数这两个过程是互逆的。现在，这种互逆关系已经成为微积分学的基本原理而为大家所熟知。尽管牛顿并没有对二项式定理给出正式的证明，但他完全抓住了它的本质。牛顿的发现实际上将微积分的两个分支合并成一个统一的领域，而在此之前这两个分支被视为相互独立且不相关的学科（这一基本定理的证明过程可以在附录 3 中找到）。

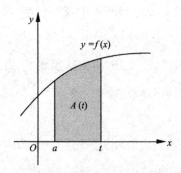

图 8-4　$f(x)$ 从 $x=a$ 到 $x=t$ 处构成的图形的面积是 t 的函数，用 $A(t)$ 表示

让我们举个例子来阐述一下。假设我们希望找到抛物线 $y=x^2$ 从 $x=1$ 到 $x=2$ 范围内的投影面积，首先我们要找到 $y=x^2$ 的反导数表达式。我们已经知道 $y=x^2$ 的反导数是 $y=x^3/3+c$（注意这里用常数表示多个解），因此面积函数就是 $A(x)=x^3/3+c$。为了确定常数 c 的值，我们注意到在 $x=1$ 时的面积必定为 0，因为它是这个区间的起点，因此就有 $0=A(1)=1^3/3+c=1/3+c$，从而得到 $c=-1/3$。将这个值代回 $A(x)$ 的表达式中，就得到了 $A(x)=x^3/3-1/3$。最后，将 $x=2$ 代入到后一个等式中，得到 $A(2)=2^3/3-1/3=8/3-1/3=7/3$，这也就是我们想要求出的面积值。如果和采用穷尽法或不可分量法得到这个结果时需要花费的精力比较一下，我们便会由衷地感激积分法所带来的巨大优势。

微积分的发明，是继两千多年前欧几里得编写《几何原本》（经典的几何学著作）以来数学史上最为重要的事件。它彻底改变了数学家们的思考和工作方式，而它强大的功能也将影响几乎所有的科学分支，无论是纯粹的还是应用性的。然而，一辈子都讨厌与他人辩论的牛顿（他已经被那些批

评他对光本质的认识错误的声音所刺痛）并没有公开他的发现。他只与他的学生及亲近的剑桥同事进行非正式的交流。1669 年，他撰写了专著《运用无穷多项方程的分析学》(*De Analysi per Aequationes Numero Terminorum Infinitas*，后简称《分析学》)，并将之交予他在剑桥的老师兼同事艾萨克·巴罗（1630—1677）。当牛顿刚刚入学时，巴罗担任剑桥大学的首任数学卢卡斯教授，他所讲授的光学和几何学深深地影响了这位年轻的科学家。（巴罗知道切线和面积问题之间的互逆关系，但他并未认识到它的完整意义，这主要是因为他运用的是严格的几何方法，而非牛顿的分析法。）巴罗后来辞去了他那荣耀而重要的职务，表面上是为了让牛顿接替他，但更可能是因为他想参与学院管理及政治生活（他所承担的职务是不允许他这么做的）。受到了巴罗的鼓励，牛顿于 1671 年为他的发明撰写了改进版本《流数法和无穷级数》(*De methodis serierum et fluxionum*)。直到 1704 年，这一著作的摘要才得到公开，并且只是作为牛顿主要著作《光学》的附录（当时，在书中以附录的形式添加一段与书的主题完全无关的内容的做法非常常见）出现。直至 1736 年，也就是牛顿逝世（享年 85 岁）后的第九年，有关这一学科的完整阐述才第一次以整本书的形式发表。

半个多世纪以来，现代数学中最为重要的发展只有英格兰剑桥大学的一小部分学者和学生知道。在欧洲大陆，微积分的知识及用法最初只有莱布尼茨（当时欧洲最杰出的数学家和哲学家）和贝努利兄弟理解 [9]。所以，当莱布尼茨在 1684 年首次发表他的微积分论文时，欧洲大陆的数学家们中几乎没有人怀疑他的原创性。只是在 20 年后，人们才开始怀疑莱布尼茨是否借鉴了牛顿的思想。至此，牛顿拖延的作风所导致的后果也暴露无遗。火药味十足的关于孰先孰后的争论令科学界变得动荡不安，即使是在 200 年以后仍然没有平息。

第 9 章

伟大的论战

"如果我们一定要限定自己只能使用一种记法系统，
那么无疑莱布尼茨所发明的那个系统比流数系统更能满足
微积分的大部分需求，而且对某些需求（例如变分法）而
言它几乎是必不可少的。"

——罗斯·鲍尔，《数学简史》（*A Short Account of
the History of Mathematics*，1908）

　　人们总是将牛顿和莱布尼茨作为微积分的发明者而放在一起
谈论。从性格上看，这两个人之间没有一点相似之处。戈特弗里
德·威廉·冯·莱布尼茨 1646 年 7 月 1 日出生于莱比锡。作为
哲学教授的儿子，年轻的莱布尼茨表现出无与伦比的聪明才智与
好奇心。他的兴趣很广泛，除数学之外，还包含语言、文学、法
律以及他最感兴趣的哲学。牛顿除数学和物理学之外的兴趣是神
学和炼金术，他在这两门学科上花费的时间不比其他科学工作少。
与隐士般的牛顿不同，莱布尼茨乐于与人们打成一片并享受生活
的乐趣。他终身未婚，这恐怕是除数学兴趣之外他与牛顿之间唯

一的共同点了。

　　在莱布尼茨对数学的贡献中，我们需要重点指出的是，除了微积分外，还有组合学以及他对二进制数字体系（一种只用 0 和 1 两个数码表示数的体系，它是发明现代计算机的基础）的认知。另外，他还发明了一种可以进行加法和乘法运算的计算机器（帕斯卡在此之前 30 年曾发明了一种只能进行加法运算的机器）。作为一名哲学家，他认为世界是理性的，世上万物皆有因有果且和谐融洽。他曾试图建立一种正式的逻辑体系，其中所有的推理过程均由系统的计算方式所完成。这一想法提出近两个世纪后才被英国数学家乔治·布尔（1815—1864）重拾并开始实现，他建立了现在大家所熟悉的符号逻辑。从这些看似无关的兴趣爱好中我们可以发现一个共性：对形式化符号体系的关注。在数学上，恰当地选择符号（一种记法系统）几乎和它们所要表达的主题一样重要，而微积分学也毫不例外。我们将会看到，对形式化符号体系的妙用使得莱布尼茨的微积分比牛顿的流数学更具优势。

　　莱布尼茨早期的职业是法律和外交。德国美因茨市的选帝侯聘请他担任这两项职务，并将他派往国外完成各种各样的任务。1670 年，由于德国畏惧法国路易十四的进攻，外交官莱布尼茨提出了一个奇怪的点子：将法国人的注意力从欧洲转移到埃及，从埃及进攻荷兰在东南亚的殖民地。尽管这一计划并未得到他上司的认同，但值得一提的是，在一个世纪后，当拿破仑·波拿巴入侵埃及时，一项类似的计划的确被实施了。

　　尽管与法国的关系非常紧张，莱布尼茨还是在 1672 年抵达巴黎，并在接下来的 4 年里全身心地享受着这座美丽的城市在生活福利、社交和知识上的恩赐。在那里，莱布尼茨遇见了当时欧洲最权威的数学家和物理学家克里斯蒂安·惠更斯（1629—1695），惠更斯鼓励他学习几何学。随后，在 1673 年 1 月，他因为外交任务而前往伦敦，在那里他遇见了牛顿的几位同事，其中包括当时皇家学会的秘书亨利·奥尔登伯格（约 1618—1677）以及数学家约翰·柯林斯（1625—1683）。在 1676 年的第二次短暂会面中，柯林斯给莱布尼茨看了一本他从艾萨克·巴罗那里得来的牛顿的《分析学》（见第 8

章），而这次会面也成为后来牛顿和莱布尼茨之间发明之争的焦点。

莱布尼茨在 1675 年左右完成了他的微积分构想，到 1677 年时，他已经形成了一个完整的可操作的体系。从那时起，他的方法就与牛顿有区别了。我们已经知道，牛顿的观点是建立在物理学基础上的，他认为流数是一种组成曲线 $y=f(x)$ 的连续运动的点的变化率或速度。然而，熟悉哲学多于物理学的莱布尼茨则以一种更抽象的方式形成了他自己的观点。他主要是从微分（变量 x 和 y 的微小增量）的角度考虑。

图 9-1 给出的是函数 $y=f(x)$ 的图形以及其中一点 $P(x,y)$。我们作出点 P 的切线，并利用一个相邻的点 T，得到一个小三角形 PRT，它被莱布尼茨称为特征三角形，它的边 PR 和 RT 分别是从点 P 移动到点 T 时所对应的 x 轴和 y 轴的增量。莱布尼茨将这些增量分别用 dx 和 dy 表示。接着，他讨论了如果 dx 和 dy 足够小，图形在点 P 处的切线几乎就是点 P 邻域的图形本身；更确切地说，线段 PT 将与曲线 PQ 的长度无限接近，其中 Q 是曲线上位于点 T 正上方或正下方的点。要求点 P 处切线的斜率，我们只需找到特征三角形的"上升前进比"，也就是比值 dy/dx。莱布尼茨提出，既然 dx 和 dy 是足够小的量（有时候他将它们看作无限小），那么它们的比值不仅仅是点 P 处切线的斜率，也是点 P 处曲线的陡峭程度。这样，比值 dy/dx 就成为莱布尼茨提出的与牛顿的流数或曲线变化率等价的一个概念。

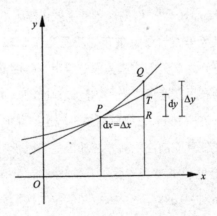

图 9-1　莱布尼茨的特征三角形 PRT（比值 RT/PR 或者说 dy/dx 是点 P 处切线的斜率）

这一论证过程中存在一个缺陷。尽管切线在点 P 附近与曲线近乎相同，但二者并不完全重合。这两者只有在点 P 和点 T 完全重合时才会重合，也就是当特征三角形收缩为一点时。但如果这样的话，两条边 dx 和 dy 都会变为 0，从而它们的比值成为不定式 0/0。现在，我们可以用极限的概念来解决这一斜率问题。再次参考图 9-1，我们选择了图形中相邻的两点 P 和 Q，并将类似三角形的图形 PRQ（实际上为曲线图形）的边 PR 和 RQ 分别用 Δx 和 Δy 表示（注意，Δx 与 dx 相等，而 Δy 则与 dy 略有不同；图 9-1 中 Δy 比 dy 大的原因是点 Q 位于点 T 的上方）。这样，图形在点 P 和点 Q 之间的"上升前进比"就是 Δy/Δx。假设 Δx 与 dx 都接近 0，它们的比值将会接近某个固定的极限值，我们今天用 dy/dx 来表示，用符号表示就是 $\mathrm{d}y/\mathrm{d}x = \lim\limits_{\Delta x \to 0}(\Delta y / \Delta x)$。

让我们来总结一下。莱布尼茨用 dy/dx 来表示的两个微小增量之间的比值在今天被写成 Δy/Δx。从几何角度讲，比值 Δy/Δx（称为"差商"）实际上是点 P 和点 Q 所构成的割线的斜率（见图 9-2）。当 Δx 接近 0 时，点 Q 沿着曲线往回接近点 P，这也使割线产生细微的变化，并在极限时与切线完全重合。[1] 它就是我们后来用 dy/dx 表示的那个斜率，称为"y 对 x 的导数"。[2]

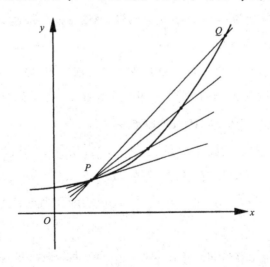

图 9-2　当点 Q 向点 P 移动时，割线 PQ 接近点 P 处的切线

接着，我们会发现，极限的概念在定义函数的斜率或变化率时是不可或缺的。但在莱布尼茨的时代，极限的概念还不为人们所知。两个有限量（不管它们多么小）之间的比值与当这两个量接近 0 时的比值的极限值之间的区别带来了许多困惑，并引起了一系列关于微分学最基础运算的争论。这些问题在 19 世纪极限概念被广泛接受后才得以完全解决。

为了了解莱布尼茨的想法，让我们用现代的方法来计算函数 $y=x^2$ 的导数。如果 x 增加了 Δx，y 相应的增量就是 $\Delta y=(x+\Delta x)^2-x^2$，展开后简化为 $\Delta y=2x\Delta x+(\Delta x)^2$。这时，差商 $\Delta y/\Delta x$ 也就等于 $[2x\Delta x+(\Delta x)^2]/\Delta x=2x+\Delta x$。如果我们让 Δx 趋于 0，$\Delta y/\Delta x$ 就将趋于 $2x$，这就是我们用 dy/dx 表示的最终结果。这一结果可以用通用的形式表示为：如果 $y=x^n$（其中 n 可以为任意数），那么就有 $dy/dx=nx^{n-1}$。这与牛顿用他的流数法所得到的结果完全一致。

莱布尼茨下一步的工作就是推导出适用于各种函数的组合形式的求导法则，这些就是今天我们所熟悉的求微分法则，它们形成了标准微积分学的核心。这里，我们用现代表示法来归纳一下这些法则。

(1) 常数的导数为 0。显而易见，常数函数所对应的图形是一条水平线，它任意一点切线的斜率均为 0。

(2) 如果函数与常数相乘，那么我们只要求出该函数的导数并乘以常数就可以得到结果。用符号表示即为，如果 $y=ku$，其中 $u=f(x)$，那么 $dy/dx=k(du/dx)$。例如 $y=3x^2$，$dy/dx=3\times(2x)=6x$。

(3) 如果 y 是两个函数 $u=f(x)$ 与 $v=g(x)$ 之和，那么和的导数就是这两个函数对应的导数之和。用符号表示就是，如果 $y=u+v$，那么 $dy/dx=du/dx+dv/dx$。例如 $y=x^2+x^3$，$dy/dx=2x+3x^2$。类似的规则对两个函数的差分运算也同样适用。

(4) 如果 y 是两个函数的乘积，即 $y=uv$，那么 $dy/dx=u(dv/dx)+v(du/dx)$。[3] 比如 $y=x^3(5x^2-1)$，那么 $dy/dx=x^3\times(10x)+(5x^2-1)\times(3x^2)=25x^4-3x^2$（当然我们可以将 $y=x^3(5x^2-1)$ 写成 $y=5x^5-x^3$ 的形式，然后分别求微分，可以得

到同样的结果）。稍微复杂一点的规律同样适合两个函数比值的情形。

（5）假设 y 是变量 x 的函数，而 x 本身则是另一个变量 t（比如时间）的函数，用符号表示就是 $y=f(x)$ 和 $x=g(t)$。这就意味着 y 是变量 t 的一个间接函数，即复合函数：$y=f(x)=f[g(t)]$。于是，y 对 t 的导数就可以通过计算两个分函数导数的乘积而得：$dy/dt=(dy/dx)\times(dx/dt)$，这就是著名的"链式法则"。从表面上看，这只不过是分数运算中常见的分子和分母相消法则，但我们必须牢记"比值"dy/dx 和 dx/dt 实际上代表的是在分子和分母均趋于 0 时比值的极限值。链式法则体现出莱布尼茨记法的巨大优势：我们可以将符号 dy/dx 看成两个量的真实比值进行操作。牛顿的流数记法却没有这种本领。

为了说明链式法则的应用方法，我们假设 $y=x^2$ 以及 $x=3t+5$。要得到 dy/dt，我们只需找到分函数的导数 dy/dx 以及 dx/dt，然后将它们相乘。当我们得到 $dy/dx=2x$ 以及 $dx/dt=3$ 时，就可以计算出 $dy/dt=(2x)\times3=6(3t+5)=18t+30$。当然，我们可以将 $x=3t+5$ 代入到 $y=x^2$ 中，然后进行多项式展开：$y=x^2=(3t+5)^2=9t^2+30t+25$，然后对这个表达式求 t 的导数，也能得到 $dy/dt=18t+30$。在这个例子中，两种方法的计算量基本上是相等的。但如果不是 $y=x^2$，而是 $y=x^5$，那么直接代入求解 dy/dt 的方法就复杂了很多，而此时运用链式法则依然可以像计算 $y=x^2$ 那样很快得到结果。

让我们来具体看看如何用这些法则解决实际问题。一条船正午时离开了港口，并以 10 英里（1 英里约为 1.609 千米）每小时的速度向西航行。一个灯塔位于港口正北方 5 英里处。在下午 1 点时，从灯塔处看船航行的速率是多少？将灯塔与船之间的距离用与时间 t 有关的量 x 来表示（如图 9-3 所示），我们可由勾股定理得到 $x^2=(10t)^2+5^2=100t^2+25$，因此就有 $x=\sqrt{100t^2+25}=(100t^2+25)^{1/2}$。这一表达式是距离 x 与时间 t 之间的函数。要计算 x 随 t 的变化率，我们将 x 看成两个函数的复合函数：$x=u^{1/2}$ 以及 $u=100t^2+25$。由链式法则我们得到 $dx/dt=(dx/du)\cdot(du/dt)=(1/2u^{-1/2})\times(200t)=100t\times(100t^2+25)^{-1/2}=$

$100t / \sqrt{100t^2 + 25}$ 。在下午 1 点时，我们有 $t=1$，因此得到速率为 $100/\sqrt{125} \approx 8.944$ 英里 / 小时。

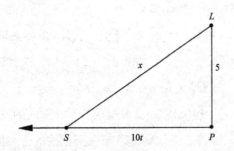

图 9-3 可用微积分法轻松搞定的数学问题之一：
计算从灯塔 L 处观察到的以固定速度、固定方向行进的船 S 的速率

微积分学中的第二部分是积分，而莱布尼茨的记法再一次体现出超于牛顿记法的优越性。他用来表示函数 $y=f(x)$ 反导数运算的符号是 $\int y\,dx$，其中加长的 S 被称为（不定）积分（dx 主要用来表示积分变量为 x）。例如，$\int x^2 dx = x^3/3 + c$，这一结果可以通过微分运算加以验证。末尾附加的常数 c 来自一个事实：任何给定的函数都有无穷多个反导数，只需加上一个任意的常数即可（见第 8 章），因此称为"不定"积分。

和在微分运算中所做的贡献一样，莱布尼兹也为积分运算得出一套通用的法则。如果 $y=u+v$，其中 u 和 v 都是 x 的函数，那么 $\int y\,dx = \int u\,dx + \int v\,dx$，对 $y=u-v$ 的情形也可近似处理。这些法则可以通过对结果进行微分运算得以验证，这和减法运算的结果可以通过加法运算验证非常类似。不过，对两个函数乘积的积分运算并没有通用的法则，这也使得积分运算比微分运算复杂得多。

相比于牛顿，莱布尼茨积分观念的不同之处不仅仅是表示方法。牛顿将积分视为微分的逆运算（给定了流数，求解原函数），而莱布尼茨则从面积问题着手：给定了函数 $y=f(x)$，求解图形在 x 的某个固定区域内（例如从 $x=a$ 到某个可变点 $x=t$ 处）与 x 轴所形成的投影面积。他将这一投影面积看成许多宽为 dx、高为 y 的狭条面积之和，其中 y 遵循 $y=f(x)$ 的函数规律随

着 x 值的变化而变化（如图 9-4 所示）。通过将这些狭条面积相加，他得到了整个投影面积的值：$A = \int y\,\mathrm{d}x$。他的积分符号 $\int$ 是一个拉长的字母 S（表示"和"，sum），这和他的微分符号 d 表示 difference 相似。

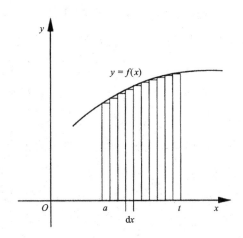

图 9-4　莱布尼茨将曲线 $y = f(x)$ 下的投影面积看成大量底为
$\mathrm{d}x$、高为 $y = f(x)$ 的狭小长方形的面积之和

我们在前面就已经知道，这一将计算给定形状的面积转化为计算多个小图形面积之和的做法起源于古希腊，而费马则成功地将之应用到曲线家族 $y = x^n$ 的求积问题中。但是微积分基本定理，也就是微分和积分的互逆关系，将崭新的微积分学转化成如此强大的工具，而它的形成则要分别归功于牛顿和莱布尼茨的贡献。在第 8 章中描述过，这一理论涉及图形 $f(x)$ 下的投影面积问题。将此面积用 $A(x)$ 来表示（因为它本身就是 x 的函数），[4] 该理论表述的是：在每一点 x 上，$A(x)$ 的变化率或者微分都等于 $f(x)$，用符号表示为 $\mathrm{d}A/\mathrm{d}x = f(x)$。而这最终意味着 $A(x)$ 是 $f(x)$ 的一个反导数：$A(x) = \int f(x)\,\mathrm{d}x$。这个互逆关系是整个微积分学的核心。用简略的表示方法，我们可以将它们表示为：

$$\frac{\mathrm{d}A}{\mathrm{d}x} = y \Leftrightarrow A = \int y\,\mathrm{d}x$$

其中 y 是函数 $f(x)$ 的简写，而符号 $\Leftrightarrow$（"当且仅当"）意味着任何一边的表达式必然能推出另外一边的表达式（也就是说这两种表达式是等价的）。牛顿也得到了同样的结果，只不过莱布尼茨更为出色的记法使得微分和积分（也就是切线问题和面积问题）之间的互逆关系的表述更为简单明了。

在第 8 章中，我们给出了应用基本定理计算图形 $y=x^2$ 在 $x=1$ 至 $x=2$ 范围内所形成的投影面积的过程（见第 8 章）。这里，让我们用莱布尼茨的表示法重复求解一下从 $x=0$ 至 $x=1$ 范围内的面积。我们可以得到 $A(x)=\int x^2 dx = x^3/3 + c$。既然 $x=0$ 是起始点，那么就得到 $A(0)=0$，因此从 $0=0^3/3+c$ 可得 $c=0$。所以，我们的面积函数可以表示为 $A(x)=x^3/3$，而我们想得到的面积是 $A(1)=1^3/3=1/3$。用现代数学的表示方法则可以写成：$A=\int_0^1 x^2\, dx = (x^3/3)_{x=1} - (x^3/3)_{x=0} = 1^3/3 - 0^3/3 = 1/3$。[5] 所以，几乎不费吹灰之力我们就得到了阿基米德运用穷尽法想要得到的结果（见第 5 章），如此灵巧而省力。[6]

莱布尼茨在 1684 年 10 月卷的《教师学报》（*Acta eruditorum*，德国的第一本科学杂志）中公开发表了他与同事奥托·门克于 2 年前的微分学研究成果。他的积分学成果则在 2 年后发表于同一期刊中，不过"积分"一词直到 1690 年才诞生，它由雅各布·伯努利创造，我们将会在后面谈到他。

早在 1673 年，莱布尼茨就通过亨利·奥尔登伯格先生与牛顿取得联系。通过此次交流，莱布尼茨得以一瞥牛顿的流数法，但仅仅是一瞥。守口如瓶的牛顿只是含糊地暗示大家：他发现了一种可以计算任意代数曲线切线和投影面积的方法。为了应付莱布尼茨要求得到更详细解释的请求，牛顿在奥尔登伯格和柯林斯的多次游说后终于以一种当时常见的方式进行了回应：他给莱布尼茨发了一串几乎无人能够读懂的字谜（以乱序的字母和数字组成的加密信息），但这在后来成为他是微积分发现者的"证据"：

6accdæ13eff 7i3l9n4o4qrr4s8t12vx

这一著名的字谜给出了拉丁语句 "Data æquatione quotcunque fluentes quantitates involvente, fluxiones invenire: et vice versa"（给定一个包含任意多个变量的方程以计算流数，或反之）中所包含的不同字母的个数。

牛顿在 1676 年 10 月将这封信交给了奥尔登伯格，并要求一定要将信的内容转交给莱布尼茨。莱布尼茨在来年的夏天收到了它，并立即通过奥尔登伯格进行了回复，在回信中他详细描述了自己的微分理论。他期待牛顿同样坦诚交流，但牛顿渐渐开始怀疑他的发明可能被他人窃为己有，并拒绝进一步交流。

然而，二人之间的关系依然保持热情友好，他们尊重彼此的劳动成果，而且莱布尼茨还向他的同事如此盛赞牛顿："将从创世之初到牛顿出现的这段时间内的数学成果与牛顿的贡献相比，后者胜出前者一大截。"[7] 即使是在 1684 年莱布尼茨公开发表了微积分后，二者间的关系也没有立即受到影响。在《原理》第一版一篇关于机械原理的论文里，牛顿感谢了莱布尼茨做出的贡献，但对莱布尼茨的方法给出了"他的方法与我的几乎完全相同，只是在表述用词和符号上有所不同"的评价。

此后的 20 年中，他们俩的关系还像原来那样。到了 1704 年，牛顿第一次将他的流数法以附录的形式发表在他的著作《光学》中。在此附录的前言中，牛顿提到了他在 1676 年和莱布尼茨的信件交流，并加了一句："若干年前，我曾借出过一份包含这些定理（关于微积分）的手稿。随后就见到一些从中复制出来的东西，所以我现在公开这份手稿。"显而易见，牛顿所指的就是莱布尼茨在 1676 年第二次访问伦敦时柯林斯曾给他看过《分析学》书稿的事。牛顿这一暗指莱布尼茨抄袭他思想的行为实际上并非没有引起莱布尼茨的注意。在 1705 年发表于《教师学报》的关于牛顿早期在求积方面的工作的一份匿名评论中，莱布尼茨这样提醒读者："微积分的基本要素已经由它的发明人威廉·莱布尼茨博士公开发表在《教师学报》上了。"在不否认牛顿独立发明流数法的同时，莱布尼茨指出，这两个版本的微积分的差异仅仅在于记法，而非本质，并暗示说实际上是牛顿从莱布尼茨这里借鉴了这一创意。

这对牛顿的朋友们而言有些太过火了，他们决定团结一心为牛顿的荣誉而战（这时牛顿依然站在幕后），他们公开指控莱布尼茨剽窃了牛顿的创意。他们最为有效的武器就是柯林斯的那份《分析学》书稿。尽管牛顿只以小册子的形式讨论他的流数法（大多数讨论的是无穷级数），然而莱布尼茨不仅在他 1676 年访问伦敦时看到了这本小册子，而且还从中摘录了大量注解，这一事实也揭示了他确实运用了牛顿成果中的创意这一真相。

接着，各种指控在英吉利海峡两岸交替出现。越来越多的人加入了这场战争，其中一些人完全是出于维护他们尊敬的导师的名誉的真诚意愿，但另外一些人则着眼于清算个人恩怨。正如可以预见的那样，牛顿在英格兰得到了完全支持，而莱布尼茨则在欧洲大陆站稳了脚跟。莱布尼茨的忠实支持者之一便是约翰·伯努利，即雅各布·伯努利的弟弟。伯努利兄弟俩对莱布尼茨微积分法在欧洲的推广起到了至关重要的作用。在 1717 年公开的一封信函中，约翰·伯努利对牛顿的人格提出了质疑。尽管约翰·伯努利后来撤回了他的指控，牛顿还是直接反击了他："我从不介意自己在国外的名声，但我非常希望能够维护我正直的品性，而这恰恰是某个以大法官的权力发表书信的作者试图从我身边夺走的东西。如今我老了，对数学研究仅残留一丝的欢愉，从没有为向整个世界传播我的观点而努力过，相反我更在意不让自己卷入那些归属权的争吵问题中。"[8]

牛顿并没有如他自己所描述的那样高尚。他表面上回避这些论战，实际上却在背后狠狠地打击他的敌人。1712 年，莱布尼茨向皇家学会反诉剽窃指控，皇家学会接手了这件案子。牛顿作为这一著名学者团体的主席，指派了一个委员会来调查此事。这一委员会由清一色的牛顿支持者所组成，其中包括牛顿最亲密的朋友、天文学家埃德蒙·哈雷（1656—1742，正是由于他一而再、再而三的催促，牛顿才最终出版了他的《原理》一书）。同一年此事结案，将剽窃问题置之不顾，反而得出了牛顿的流数法比莱布尼茨的微分法早 15 年的结论。最终，在学术客观现实的假象下，这一问题当然被完美地"解决"了。

但问题其实并未解决。这场争论甚至在两位主角去世后依然影响着整个学术圈的科研氛围。1721 年，80 岁的牛顿负责皇家学会报告的重印工作，在此期间他对报告的内容进行了多次修改以达到削弱莱布尼茨贡献的目的，而这距离莱布尼茨去世已有 6 年之久。但是，即便如此，牛顿还是不满足于这些发泄私愤的手段。在去世前一年，也就是 1726 年，牛顿终于欣慰地看到他的第三版同时也是最终版的《原理》中再也找不到一点莱布尼茨的痕迹了。

这两位伟大冤家的去世也像他们各自的生活那样迥然不同。长久深受优先权之争困扰的莱布尼茨的晚年生活几乎完全可以忽略。这时的他虽然还在撰写一些哲学题材的东西，但在数学上的创新早已枯竭。他的最后一位雇主，汉诺威选帝侯乔治·路德（1660—1727）曾委派他撰写皇室的历史。1714 年，选帝侯成为英格兰的乔治一世，此时莱布尼茨寄希望于受邀去英国皇室。然而，那时候选帝侯已经没有任何兴趣让莱布尼茨继续服侍他了。或者说，他只是为了避免牛顿在英格兰的声望达到顶峰的时候，莱布尼茨的出现可能引起的尴尬。1716 年，莱布尼茨在几乎完全被遗忘时去世，享年 70 岁。只有他的秘书参加了他的葬礼。

而确如我们所知，牛顿将他生命中的最后几年都用在他和莱布尼茨之间辩论的穷追猛打中。只是人们早将这些遗忘，牛顿成了国家英雄。优先权之争带给他的只有日益显赫的声望，因为这次争论被英国人看作反击欧洲大陆攻击的荣誉之战。牛顿于 1727 年 3 月 20 日去世，享年 85 岁。他受到了等同于政治家和将军的礼遇，享受了国葬礼仪后被埋葬于伦敦的威斯敏斯特教堂。

————————◆●◆●◆●◆————————

微积分的知识起先只在一个非常小的数学圈子中传播：英格兰牛顿的小圈子，以及欧洲大陆莱布尼茨与伯努利兄弟的圈子。伯努利兄弟通过私下教给几个数学家这一知识，而使得微积分在欧洲传播开来。这些数学家中就包括法国人洛必达（1661—1704），他撰写了微积分方面的第一本教材《无限小分析》（*Analyse des infiniment petits*，1696）。[9] 欧洲大陆的其他一些数学家立即紧随其后，没过多久，微积分就成了 18 世纪的主流数学话题。它很快就衍生出一大堆相关的主题，其中包括著名的微分方程以及变分法。这些主题都被归入解析这一宽泛的类别中，所谓解析就是用于处理变化、连续和无穷情形的一个数学分支。

但在微积分的起源地英格兰，它的发展则要迟缓许多。牛顿的崇高地位使英国的数学家们对微积分方面的研究望而却步。更为糟糕的是，在发明权争端中全力支持牛顿的行为割断了他们与欧洲大陆数学家之间的联系。他们固执地坚持牛顿流数的点记法，从而错过了体验莱布尼茨微分记法优越性的机会。这样做的恶果是，在接下来的一百多年中，当欧洲大陆的数学家们空前涌现时，英格兰却始终没有出现一位一流的数学家。当这一停滞期最终在 1830 年左右结束时，新一代英格兰数学家所做出的卓越贡献并不在解析学上，而是代数学。

记法发展史

一门实用的数学学科要具有一个完备的记法系统。当牛顿发明流数法时，他在字母的上方标一个"点"来表示他所要寻找的流数（导数）的量。点记法（牛顿称之为"戳点字母"记法）非常不便于使用。例如要得到函数 $y=x^2$ 的导数，首先要找到变量 x 和 y 对时间的流数（牛顿认为所有的变量都是对时间的"流"，所以称之为"流数"），也就是 $\dot{y}=2x\dot{x}$（见第 8 章）。y 对 x 的导数（或者说变化率）就是这两个流数的比值，也就是 $\dot{y}/\dot{x}=2x$。

点记法在英格兰存在了一个多世纪，现在这种方法依然可以在物理教材中找到，它还被用来表示随着时间变化的微分式。然而，欧洲大陆采用了莱布尼茨更为有效的记法——$\mathrm{d}y/\mathrm{d}x$。莱布尼茨将 $\mathrm{d}x$ 和 $\mathrm{d}y$ 看作变量 x 和 y 的一个细微增量，它们的比值就是 y 随着 x 变化的变化率。现在，人们用字母 Δ（大写的希腊字母）来表示莱布尼茨的差值，而他的 $\mathrm{d}y/\mathrm{d}x$ 被写成 $\Delta y/\Delta x$，$\mathrm{d}y/\mathrm{d}x$ 则用来表示在 Δx 和 Δy 趋于 0 时 $\Delta y/\Delta x$ 的极限值。

$\mathrm{d}y/\mathrm{d}x$ 的记法用于导数求解时表现出许多优势。它非常具有启发性，而且在很多方面它的一些特征与常规数学运算非常相似。

例如，如果 $y=f(x)$ 且 $x=g(t)$，那么 y 就是 t 的间接函数 $y=h(t)$。要得到这一复合函数的导数，我们运用链式法则就可以得到：$dy/dt=(dy/dx)\cdot(dx/dt)$。值得注意的是，尽管每一个导数都是比例的极限值，但它看起来像是两个有限量的比值。类似地，如果 $y=f(x)$ 是一个一一映射的函数，它存在一个反函数 $x=f^{-1}(y)$，则此反函数的导数与原函数的导数互为倒数：$dx/dy=1/(dy/dx)$。这一公式再次呈现出这种记法所具备的类似于常规数学运算规律的特性。

还有一种简洁的导数记法：如果函数为 $y=f(x)$，我们就用 $f'(x)$ 或者 y' 来表示它的导数。因此，对 $y=x^2$ 而言就有 $y'=2x$。我们还可以将这一关系用更为简洁的单一变量表示：$(x^2)'=2x$，这种记法由约瑟夫·路易斯·拉格朗日（1735—1813）1797 年发表于他的专著《解析函数论》（*Theorie des functions analytiques*）中。在这本专著中，他还提议将原先我们所熟悉的函数表示方式 $f(x)$ 替换为 fx 的形式。他将 $f'x$ 定义为函数 fx 的导函数，这也是现代数学所用的术语"导数"一词的来源。对 y 的二阶导数（见第 14 章），他分别用 y'' 或者 $f''x$ 来表示，依此类推。

如果 u 是两个独立变量的函数 $u=f(x,y)$，我们必须声明对 x 和 y 中的哪个变量进行微分运算。在这种情况下我们用德文字母 ∂ 来代替罗马字母 d，从而得到函数 u 的两个偏导数：$\partial u/\partial x$ 和 $\partial u/\partial y$。在这种记法中，除了特定声明的那个量为变量外，其余的量均为常数。举个例子，如果 $u=3x^2y^3$，那么 $\partial u/\partial x=3(2x)y^3=6xy^3$，$\partial u/\partial y=3x^2(3y^2)=9x^2y^2$，其中在第一种情形时 y 为常数，而在第二种情形时 x 为常数。

有时我们希望引用一个操作，但并不真正执行它。如 +、-、$\sqrt{}$ 等符号称为运算符号，或者简称运算符。一个运算符只有在它的可操作对象上才有意义，例如 $\sqrt{16}=4$。为了表示微分运算，我们用运算符 d/dx 来表示，并且默认在这一符号右侧出现的量均为要进行微分运算的量，而在符号左边出现的则不是。例如，$x^2d/dx(x^2)=x^2\times2x=2x^3$。二次微分的运算符用 $d/dx(d/dx)$ 表示，通常简写为 $d^2/(dx^2)$。

再一次，人们演绎出一个更为简单的记法：微分运算符 D。如前面所描述的那样，这一运算符对紧随其右的函数进行微分运算，对左边的部分则不起作用，例如 $x^2 \mathrm{D}x^2 = x^2 \times 2x = 2x^3$。二次微分运算则写成 D^2，因此 $\mathrm{D}^2 x^5 = \mathrm{D}(\mathrm{D}x^5) = \mathrm{D}(5x^4) = 5 \times 4x^3 = 20x^3$。类似地，$\mathrm{D}^n$（其中 n 为任意正整数）表示 n 次微分运算。进一步，令 n 为负整数，我们就可以把 D 运算符推广到反微分运算（也就是不定积分，见第 8 章）。例如，$\mathrm{D}^{-1} x^2 = x^3/3 + c$，其中 c 是任意常数。这一结果可以通过对右边部分进行微分加以验证。

既然函数 $y = \mathrm{e}^x$ 的导数依然是它自身，因此就有表达式 $\mathrm{D}y = y$。这一表达式当然还是一个微分方程，它的解是 $y = \mathrm{e}^x$，或者用更通用的表达形式为 $y = C\mathrm{e}^x$。但如果将等式 $\mathrm{D}y = y$ 看成普通的代数方程，就可以在等式两边分别除以 y 从而简化整个表达式，这一点非常有诱惑力。屈从于这种诱惑，我们得到了 $\mathrm{D} = 1$，这是一个本身并没有任何实际意义的运算等式。只有在等式两边重新"乘以" y，它才能够体现它应有的意义。

这一类操作使得运算符 D 在解决某些特定类型的微分方程时非常有用。举个例子，微分方程 $y'' + 5y' - 6y = 0$（一个带有常系数的线性方程）可以写成 $\mathrm{D}^2 y + 5\mathrm{D}y - 6y = 0$。把这个等式中的所有量均看作可进行常规运算的量，那么我们可以合并同类项 y，得到 $(\mathrm{D}^2 + 5\mathrm{D} - 6)y = 0$。要是两个因子的乘积为 0，只要其中一个因子为 0 即可，因此我们得到 $y = 0$（这是一个无意义的解，因此忽略不计）或者 $\mathrm{D}^2 + 5\mathrm{D} - 6 = 0$。再一次将其中的 D 看成常规的代数量，因式分解后得到最终的表达式 $(\mathrm{D} - 1)(\mathrm{D} + 6) = 0$。等式左边任一项为 0 时的 D 值就是我们要求的"解"：$\mathrm{D} = 1$ 以及 $\mathrm{D} = -6$。当然这些解也只有存在运算对象时才有意义，我们还是需要将它们乘以 y，得到 $\mathrm{D}y = y$ 以及 $\mathrm{D}y = -6y$。其中第一个等式的解为 $y = \mathrm{e}^x$，或者表示成更为通用的 $y = A\mathrm{e}^x$，其中 A 是任意常数。第二个等式的解是 $y = B\mathrm{e}^{-6x}$，其中 B 是另外一个任意常数。由于原方程是线性的，且等式右边的值为 0，因此上述两个解的和也是原方程的解，即 $y = A\mathrm{e}^x + B\mathrm{e}^{-6x}$，实际上这是方程 $y'' + 5y' - 6y = 0$ 的通解。

第一个将符号 D 当作运算符使用的人是法国人路易斯·弗朗西斯·安东尼·艾伯嘉（1759—1803），尽管在这之前约翰·伯努利已经将它用于一些不可运算的场合。英国的电子工程师奥利弗·亥维赛（1850—1925）以他自己的方式改进了这一运算符。他巧妙地运用符号 D，将它当成一个常规的代数符号，从而解决了大量实际应用问题，尤其是以简练高效的方式解决了当时日益丰富的电子理论领域中的一些微分方程。亥维赛并没有受过正规的数学教育，因此当他异想天开地对 D 进行代数运算时，数学家们都嗤之以鼻。对此，他从最终的结果出发这样为自己的方法辩护：可以得到正确结果的方法才是主要的，那些数学家们严谨的说明对他而言是次要的。亥维赛的观点后来通过更为高级的方法——拉普拉斯变换得到正式的证明。[10]

e^x: 导数与自身相等的函数

"自然指数函数与它的导数相等。这是指数函数所有特性的本源，也是它得到重要应用的根本原因。"

——科朗特和罗宾斯，

《数学是什么》（*What is Mathematics*, 1941）

牛顿和莱布尼茨在发展新的微积分学时，主要把微积分应用于**代数曲线**，也就是方程为多项式（**多项式**是形如 $a_n x^n + a_{n-1} x^{n-1} + \cdots + a_1 x + a_0$ 的表达式，其中常数 a_i 为**系数**，非负整数 n 为多项式的**次数**。例如 $5x^3 + x^2 - 2x + 1$ 为三次多项式）或多项式之比的曲线。这些方程很简单，实际应用中也有许多这样的方程（抛物线 $y = x^2$ 就是一个简单的例子），因此用它们来测试微积分中的新方法是很自然的。但人们在应用中发现，很多曲线并不属于代数曲线，而是**超越曲线**（这一术语是由莱布尼茨创造的，表示曲线的方程超出了初等代数学的研究范围）。这其中声名最为显赫的当数指数曲线。

我们已经在第 2 章中了解到亨利·布里格斯是如何在纳皮尔对数表的基础上引入底数 10 进行乘方运算的。基本上，任何除 1 以外的正数都可以作为底数。如果我们用 b 来表示底数，x 表示指数，那么就可以将以 b 为底的**指数函数**表示为 $y = b^x$。这里的 x 表示任意实数，不管是正数还是负数。然而，我们还必须声明一下，b^x 中的 x 不一定是整数。当 x 为分数 m/n 时，我们定义 b^x 为 $\sqrt[n]{b^m}$ 或者 $(\sqrt[n]{b})^m$——这两种表达方式是等价的。这样就可由 m/n 推导出最低级的形式，如 $8^{2/3} = \sqrt[3]{8^2} = \sqrt[3]{64} = 4$，或者 $8^{2/3} = (\sqrt[3]{8})^2 = 2^2 = 4$。但若 x 是**无理数**，不能写成两个整数的比值，这样的定义就无效了。在这种情形下，我们通过有理数序列（其极限值收敛于 x）对 x 求近似值。以 $3^{\sqrt{2}}$ 为例，我们把指数 $x = \sqrt{2} = 1.414\,213\cdots$（一个无理数）看成一个小数点后位数不断增多的无穷级数 $x_1 = 1$，$x_2 = 1.4$，$x_3 = 1.41$，$x_4 = 1.414$，$\cdots$ 的极限，其中序列中的每一项都是有理数。而每一个 x_i 都将决定唯一一个 3^{x_i}，因此我们可以定义 $3^{\sqrt{2}}$ 为序列 3^{x_i} 在 $i \to \infty$ 时的极限值。借助手持计算器，我们能够很轻松地得到这一序列开头的几个值：$3^1 = 3$，$3^{1.4} = 4.656$，$3^{1.41} = 4.707$，$3^{1.414} = 4.728$，如此等等（这里所有的结果均取小数点后 3 位）。在极限条件下得到结果 4.729，而这正是我们所要的值。

在这一思路背后隐藏了一个细微但至关重要的假设：当 x_i 趋于极限值 $\sqrt{2}$ 时，所对应的值 3^{x_i} 则趋于极限值 $3^{\sqrt{2}}$。换言之，我们假设函数 $y = 3^x$ 或者 $y = b^x$ 是变量 x 的**连续函数**，即函数值是连续变化的，其中不存在断点或跳跃。这种连续性的假设是微分运算的核心。这一条件已经隐含在定义的推导中，即当我们计算比值 $\Delta y / \Delta x$ 在 $\Delta x \to 0$ 时的极限时，假设 Δx 与 Δy 同时趋于 0。

要得到指数函数的基本特性，我们选择以底数 2 为例。将 x 的值限定为几个有限的整数时，我们得到了如下对应关系：

x	−5	−4	−3	−2	−1	0	1	2	3	4	5
2^x	1/32	1/16	1/8	1/4	1/2	1	2	4	8	16	32

如果我们将这些值标在直角坐标系中，就可以得到如图 10-1 所示的曲线。可以看出，当 x 逐步增加时，y 起先缓慢地增长，然后以越来越快的速

度向无穷大增长。相反，当 x 逐步减小时，y 以越来越慢的速度减小，却永远不会达到 0，只会越来越接近。x 的负半轴也因此成为这一函数的水平渐近线，这一图形中的极限概念已经在第 4 章中讨论过了。

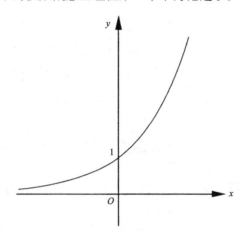

图 10-1　一个单调递增的指数函数的曲线

指数函数的变化率是令人震惊的。有一个关于国际象棋发明者的著名传说：当发明者被国王召见问及希望用什么作为他发明的奖赏时，他谦虚地要求在棋盘的第一个方格中放 1 粒小麦，第二个方格中放 2 粒小麦，第三个方格中放 4 粒小麦，依此类推，直到放满所有的 64 个方格。国王对这一谦虚的请求大为吃惊，立即要求仆人拉来一麻袋小麦。随后，仆人们耐心地在棋盘上分配小麦。出乎他们意料的是，他们很快意识到，即使汇集王国中所有的小麦也无法满足这一要求，因为 2^{63} 是 9 223 372 036 854 775 808（而我们还必须将前面方格中的那些小麦考虑进来，所得到的总和约为这个数目的两倍）。如果我们将所有这些小麦连成一条线，这条线将有大约两光年那么长——大约为地球到半人马座 α 星（太阳系外距离地球最近的天体）距离的一半。

图 10-1 所示是所有指数函数的典型曲线，而不管它们的底数是什么。[1] 这一曲线的简洁性也是一目了然的：它缺乏一个代数函数应当具备的大部分特征，例如 x 轴的截点（曲线与 x 轴相交所形成的点）、最大值点、最小值

点和拐点。而且，这一曲线没有~~垂直~~渐近线——在某个 x 值附近函数值无限增大或减小。确实，指数函数的曲线如此简单，我们几乎可以不考虑它。要不是变化率这一特点使得曲线具有唯一性，它将变得非常无趣。

我们在第 9 章中就已经了解到，函数 $y=f(x)$ 的变化率或导数被定义为 $dy/dx = \lim\limits_{\Delta x \to 0} \Delta y / \Delta x$。我们的目的就是寻求函数 $y=b^x$ 的变化率。如果我们将 x 增加 Δx，那么 y 就会相应地增加 $\Delta y = b^{x+\Delta x} - b^x$。利用指数函数的性质，我们可以将这一结果写成 $b^x b^{\Delta x} - b^x$ 或者 $b^x(b^{\Delta x} - 1)$。因此，所要求的导数就是：

$$\frac{dy}{dx} = \lim_{\Delta x \to 0} \frac{b^x(b^{\Delta x} - 1)}{\Delta x} \tag{1}$$

这时，为了方便起见，我们将符号 Δx 用一个简单的字母 h 代替，因此式 (1) 变为：

$$\frac{dy}{dx} = \lim_{h \to 0} \frac{b^x(b^h - 1)}{h} \tag{2}$$

我们可以对表达式进行第二次简化：将因子 b^x 从积分符号的右侧移到左侧，这是因为式 (2) 的极限仅涉及变量 h，而 x 则被视为定量。因此，我们得到如下的表达式：

$$\frac{dy}{dx} = b^x \lim_{h \to 0} \frac{b^h - 1}{h} \tag{3}$$

当然，这时我们还不能确定式 (3) 中的极限是否存在。事实上，在高等教材中已经证明了这一极限确实是存在的，[2] 这里我们姑且接受这一点。如果将这一极限值用字母 k 表示，我们就得到如下的结果：

$$\text{如果 } y=b^x，\text{那么就有} \frac{dy}{dx} = kb^x = ky \tag{4}$$

这一结果是如此基础和重要，所以这里我们要归纳一下：*指数函数的导数与它自身成比例。*

注意，到目前为止，b 的选择完全是任意的。现在问题来了：是否存在某个特定的 b 值使结果特别简练呢？回到式 (4)，如果我们可以选择一个合适的 b 值使得比例常数 k 恰好等于 1，显然可以使式 (4) 变得异常简单。如果可能，那将是 b 值的"自然"选择。接下来的任务就是确定 b 值，使 k 等于 1，也就是：

$$\lim_{h \to 0} \frac{b^h - 1}{h} = 1 \qquad (5)$$

这需要相当扎实的代数运算功底（以及一些数学的小技巧）才能"解出" b 的方程，这里我们省略掉这些对细节的阐述（附录 4 中给出了一个启发式的推导）。方程的结果是：

$$b = \lim_{h \to 0} (1 + h)^{1/h} \qquad (6)$$

如果我们将等式中的 $1/h$ 用字母 m 代替，那么 $h \to 0$ 也就意味着 m 趋于无穷大，因此我们有：

$$b = \lim_{m \to \infty} (1 + 1/m)^m \qquad (7)$$

而式 (7) 中的极限值正是数字 e$=2.718\,28\cdots$[3]，因此我们得到如下的结论：如果选择数字 e 作为底，那么指数函数等于它的导数。用符号表示就是：

$$\text{如果 } y = e^x, \text{ 那么} \frac{\mathrm{d}y}{\mathrm{d}x} = e^x \qquad (8)$$

但除此之外，还有其他的结论。函数 e^x 等于它自身的导数，它是唯一一个具有此性质的函数（撇开函数乘以常数的情形不谈）。为了区分它，如果我们解关于 y 的方程 $\mathrm{d}y/\mathrm{d}x = y$（一个微分方程），我们得到解 $y = Ce^x$，其中 C 是任意常数。这一解所代表的是一个指数函数家族（如图 10-2 所示），其中每一条曲线都对应一个不同的 C 值。

函数 e^x（今后它将被称为"自然指数函数"或只是简单地用"指数函数"

来称呼）在数学和科学中的核心角色是如下事实的直接结果。在应用中，人们发现在一些现象中某些量的变化率与它本身成比例。任何一个此类现象都可以抽象为微分方程 $dy/dx = ay$，其中常数 a 决定了各种情况下的变化率。该方程的解是 $y = Ce^{ax}$，其中任意常数 C 由系统的*初始条件*（当 $x=0$ 时的 y 值）决定。a 的正负决定了 y 是随着 x 的增长而增长还是减小（当 a 为负数时，我们通常用 $-a$ 来表示，而此时的 a 本身为正数）。让我们来关注一下这种情况下的几个例子。

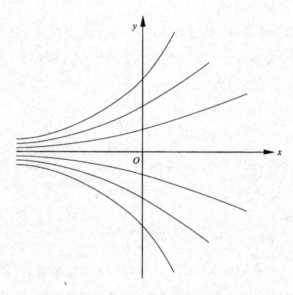

图 10-2　指数函数家族 $y = Ce^x$，其中每一条曲线都对应一个 C 值

（1）放射性物质的衰变率以及它本身所产生的辐射总量，每时每刻都与它的质量 m 成比例：$dm/dt = -am$。这一微分方程的解是 $m = m_0 e^{-at}$，其中 m_0 是放射性物质的初始质量（即 $t=0$ 时的质量）。从上述方程的解中我们不难看出，质量 m 将会逐步接近 0，但永远都无法达到，因为放射性物质永远都不会完全衰变。这也说明了为何放射性物质被当成废料处理后多年依然危险。其中 a 也就是放射性物质的衰变率，通常通过测量放射性物质质量减少一半所需的时间（即半衰期）来确定。不同物质的半衰期也截然不同，例如常见的同位素铀 238 的半衰期约为 50 亿年，普通的镭 226 的半衰期大约为

1600 年，而镭 220 的半衰期仅为 23 毫秒。这说明了周期表中的一些不稳定元素为何无法在自然界的矿物质中找到：不管在地球出现之初曾有多么庞大的存储量，经过这么长时间后早已转变为其他更为稳定的元素了。

(2) 当一个非常炽热的温度为 T_0 的物体被放置到温度为 T_1 的环境中时（假设环境温度不变），时间 t 时物体冷却的速度和物体温度与环境温度之差 $T-T_1$ 成比例：$dT/dt=-a(T-T_1)$，这就是著名的牛顿冷却定律。这一微分方程的解是 $T=T_1+(T_0-T_1)e^{-at}$，它也意味着温度 T 将会逐渐接近 T_1，但永远都达不到。

(3) 当声波在空气（或其他任何介质）中传播时，它们的强度是由微分方程 $dI/dx=-aI$ 所决定的，其中 x 是声波传播的距离。方程的解 $I=I_0e^{-ax}$ 表明声强随距离增大呈指数衰减。一个类似的定律（即兰伯特定律）描述了透明媒介中光线吸收率的变化规律。

(4) 如果存款以年利率 r 进行连续（即每时每刻）复利计算，t 年后的账户金额可由公式 $A=Pe^{rt}$ 计算出，其中 P 是本金。因此，账户金额随着时间呈指数增长。

(5) 人口的增长也基本符合指数增长规律。

方程 $dy/dx=ax$ 是一个一阶微分方程，仅涉及所要求解的函数及其导数。但大部分物理法则都是用二阶微分方程描述的，即方程涉及**函数变化率的变化率**，即它的**二阶导数**。例如，运动物体的加速度就是它速率的变化率。既然速率本身是距离的变化率，那么加速度就是距离变化率的变化率，即距离的二阶导数。经典力学的定律都建立在牛顿的三大运动定律之上——其中第二个描述的是加速度与物体质量 m 以及它所受的力 F 之间的关系（$F=ma$），这些定律都是用二阶微分方程表示的。电学中也有类似关系。

要得到函数 $f(x)$ 的二阶导数，我们首先对 $f(x)$ 进行微分，得到它的一阶导数，这一导数本身也是 x 的函数，用 $f'(x)$ 来表示。接着，我们对 $f'(x)$ 进行微分就可以获得函数的二阶导数 $f''(x)$。举个例子，如果 $f(x)=x^3$，那么就有 $f'(x)=3x^2$ 以及 $f''(x)=6x$。当然，如果我们接着进行微分运算，就

可以找到三阶导数 $f'''(x)=6$，四阶导数为 0，等等。对一个 n 次多项式而言，连续的 n 次微分后我们就会得到一个常数，而接下来的所有导数都是 0。而对其他类型的函数，多次微分后可能得到越来越复杂的表达式。然后，在实际应用中我们很少需要用到超过二阶的导数。

莱布尼茨的二阶导数表达形式是 $d/dx(dy/dx)$，即 $d^2y/(dx)^2$（将 d 看成一个普通的代数量）。和一阶导数的符号 dy/dx 类似，这一符号也和代数学中的运算规律基本一致。举个例子，若要计算两个函数 $u(x)$ 和 $v(x)$ 的乘积 $y=uv$ 的二阶导数，应用两次乘积运算法则就可以得到：

$$\frac{d^2y}{dx^2}=u\frac{d^2v}{dx^2}+2\frac{du}{dx}\frac{dv}{dx}+v\frac{d^2u}{dx^2}$$

这一结果（即莱布尼茨法则）给人的第一感觉就是与二项展开式 $(a+b)^2=a^2+2ab+b^2$ 非常相似。事实上，我们可以推广到 $u \cdot v$ 的 n 阶导数的情形，最终的系数确实就是 $(a+b)^n$ 展开式的二项式系数（见第 4 章）。

力学中经常要描述振动系统（例如，一个物体悬挂在弹簧下端）的运动，并且要考虑周围媒介的阻尼作用。这一问题可用带有常系数的二阶微分方程描述。下面就是这类方程的一个例子：

$$\frac{d^2y}{dt^2}+5\frac{dy}{dt}+6y=0$$

要解这个方程，先做一个巧妙的设想：解的形式是 $y=Ae^{mt}$，其中 A 和 m 都是待定常数。将这一试探性的解代入微分方程，可得：

$$e^{mt}(m^2+5m+6)=0$$

这是一个包含未知量 m 的代数方程。既然 e^{mt} 不会是 0，我们就可以将其从上式中消去，并得到方程 $m^2+5m+6=0$，这也就是给定微分方程的**特征方程**（注意，这两个方程具有相同的系数）。对其进行因式分解就有 $(m+2)(m+3)=0$，令其中的每一个因子都为 0，就可以得到想要的 m 值，即 -2 和 -3。

这样我们就得到了两个不同的解 Ae^{-2t} 和 Be^{-3t}, 而且我们可以很轻易地验证两者之和 $y=Ae^{-2t}+Be^{-3t}$ 也是方程的一个解, 实际上, 它是该微分方程的通解。而常数 A 和 B（至此, 它们依然是任意的）可由系统的初始条件（即 $t=0$ 时 y 和 dy/dt 的值）决定。

这一方法解决了这类微分方程的求解问题: 只需求解特征方程就可以得到最终解。然而, 有一个小小的问题: 特征方程可能有**虚数解**, 即解涉及 -1 的平方根。例如方程 $d^2y/dx^2+y=0$ 的特征方程就是 $m^2+1=0$, 而这个特征方程的解是虚数 $\sqrt{-1}$ 以及 $-\sqrt{-1}$。如果用 i 和 $-i$ 分别表示这两个数, 上述微分方程的解就是 $y=Ae^{ix}+Be^{-ix}$, 其中 A 和 B 依然和前面一样, 为任意常数。[4] 但在所有我们遇到的指数函数中, 我们已经假定了所有的指数都是实数。那么, 类似于 e^{ix} 的表达式究竟意味着什么呢？ 18 世纪数学的伟大成就之一就是为函数 e^{mx} 赋予含义, 即便其中的 m 是虚数, 这些内容我们将会在第 13 章中介绍。

还必须考虑指数函数的另一方面。当定义了一个合适的范围后, 大部分函数 $y=f(x)$ 都有反函数。也就是说, 对条件范围内的每一个 x 值, 我们都能找到唯一的 y 值与之对应, 反之亦然。从 y 得到 x 的这一方式被定义为函数 $f(x)$ 的反函数, 用 $f^{-1}(x)$ 表示。[5] 例如函数 $y=f(x)=x^2$ 使得每个实数 x 都唯一对应着一个大于 0 的 y 值, 也就是 x 的平方。如果我们将函数 $f(x)$ 限定在非负实数范围内, 我们就可以实现逆过程, 使得每个 y $(y \geq 0)$ 都对应唯一一个 x, 即 y 的平方根: $x=\sqrt{y}$。[6] 当然, 我们可以将上一个等式中的字母进行交换, 让 x 表示独立变量, 而 y 为随之变化的量。如果用 f^{-1} 来表示反函数的话, 我们就可以得到 $y=f^{-1}(x)=\sqrt{x}$。$f(x)$ 与 $f^{-1}(x)$ 的图形互为轴对称图形, 其对称轴是直线 $y=x$, 如图 10-3 所示。

我们的目的是要找到指数函数的反函数。让我们从方程 $y=e^x$ 开始, 同时假定 y 为已知值。接着, 我们希望解出 x, 即用 y 来表示 x。我们已经知道, 当 y 大于 0 时, 布里格斯对数或**常用对数**的 x 应当满足 $10^x=y$。与此相同的是, 当 y 大于 0 时, 自然对数的 x 也满足 $e^x=y$。正如用 $x=\lg y$ 来表示 y 的常用对数（对数的底是 10）那样，我们用 $x=\ln y$ 来表示 y 的自然对数（对数的底是 e）。那么，指数函数的反函数就是自然对数函数，而它的方程则是 $y=\ln x$（互换 x 和 y 的位置）。图 10-4 在同一直角坐标系中画出了 $y=e^x$ 以及 $y=\ln x$ 的曲线。和所有的函数及反函数对一样，这两条曲线也以直线 $y=x$ 为轴而互为轴对称图形。

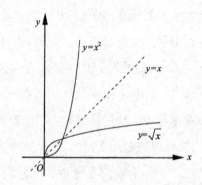

图 10-3　方程 $y=x^2$ 和 $y=\sqrt{x}$ 互为反函数，
它们的曲线以直线 $y=x$ 为轴而互为轴对称图形

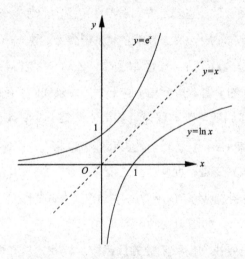

图 10-4　方程 $y=e^x$ 与 $y=\ln x$ 互为反函数

已经定义了自然对数是指数函数的反函数，现在我们希望得到自然对数的变化率。在这里，莱布尼茨的微分记法又一次发挥了巨大的作用。据说反函数的变化率是原函数变化率的**倒数**，用符号表示就是 $dx/dy=1/(dy/dx)$。例如，对 $y=x^2$ 我们有 $dy/dx=2x$，因此 $dx/dy=1/(2x)=1/(2\sqrt{y})$。当我们把 x 和 y 互换后，结果就变成了：如果 $y=\sqrt{x}$，那么 $dy/dx=1/(2\sqrt{x})$，更简洁的表示方式就是 $d(\sqrt{x})/dx=1/(2\sqrt{x})$。

在刚刚的例子中，如果我们将形式表示为 $y=\sqrt{x}=x^{1/2}$，也可以运用乘方规则对它直接求微分，可以得到同样的结果：$dy/dx=(1/2)x^{-1/2}=1/(2\sqrt{x})$。但这仅仅是因为幂函数的反函数依然是一个幂函数，我们对幂函数的微分规则都非常熟悉。对于指数函数的情形，我们则必须从零开始。由于 $y=e^x$ 以及 $dy/dx=e^x=y$，因此 $dx/dy=1/e^x=1/y$。这也就意味着，将 x 看作 y 的函数时，x 的变化率等于 $1/y$。但以 y 为变量的 x 的函数究竟是什么呢？确切地说，它就是 $\ln y$，因为 $y=e^x$ 等价于 $x=\ln y$。和之前一样，我们互换一下 x 和 y 的位置，上述公式就变成：如果 $y=\ln x$，那么它的导数为 $dy/dx=1/x$；可以写成更简洁的形式 $d(\ln x)/dx=1/x$。而这也就意味着 $\ln x$ 是 $1/x$ 的反导数：$\ln x=\int(1/x)dx$。[7]

我们在第 8 章中看到，x^n 的反导数是 $x^{n+1}/(n+1)+c$，用符号表示就是 $\int x^n dx=x^{n+1}/(n+1)+c$，其中 c 是积分常数。这一公式对除 -1 之外的所有 n 值均适用，因为必须避免分母 $n+1$ 为 0。当 $n=-1$ 时，相应的函数就是我们刚刚求反导数的双曲函数 $y=x^{-1}=1/x$，也就是费马没有完成求积的那个双曲函数。公式 $\int(1/x)dx=\ln x+c$ 给出的就是"未尽事宜"的答案，这也解释了圣文森特曾经的发现：双曲线下的面积遵从一个对数法则（见第 7 章）。将这一面积用 $A(x)$ 表示，我们就可以得到 $A(x)=\ln x+c$。如果我们选择初始点 $x=1$，就可以得到 $0=A(1)=\ln 1+c$。由于 $\ln 1=0$（$e^0=1$），所以 $c=0$。至此，我们得到结论：从 $x=1$ 到任意大于 1 的 x 范围内的双曲线 $y=1/x$ 与 x 轴所构成的图形的面积等于 $\ln x$。

由于 $y=1/x$ 的图形在 $x>0$ 时总是位于 x 轴的上方，它的投影面积会随着终止线的不断右移而逐渐增大。用数学语言描述就是，该面积为 x 的**单调递增**函数。而这也意味着，当我们从 $x=1$ 向右逐步移动时，我们最终将

到达某个点 x，使得该面积恰好等于 1。这一特定的 x 满足 $\ln x = 1$，运用 $\ln x$ 的定义可得 $x = e^1 = e$。这一结果直接给出了数字 e 与双曲线相关的几何含义，它类似于 π 与圆的关系。用字母 A 表示面积，我们有：

圆：　　　　$A = \pi r^2$　$\Rightarrow$　　　当 $r=1$ 时，$A = \pi$

双曲线：　$A = \ln x$　$\Rightarrow$　　　当 $x = e$ 时，$A = 1$

只是这种相似性并不完美：当 π 被解释为单位圆的面积时，e 却是使双曲线下面积为 1 的线性大小。而且，这两个著名的数字在数学上非常相似的角色使我们不得不做出这样的猜想：它们之间或许还藏着更深的联系。事实也确实如此，我们将会在第 13 章中了解到。

跳 伞 者

在各种涉及指数函数解的问题中，下面这个问题特别有意思。一个跳伞者从飞机上跳下，并在 $t=0$ 时打开他的降落伞，那么当他到达地面时的速度会是多少呢？

对相对小的速度而言，我们可以假设由空气产生的阻力与下降速度成正比。这里，用 k 来表示该比例常数，用 m 表示跳伞者的质量。两个方向相反的力作用于该跳伞者身上：他所受的重力 mg（其中 g 是重力加速度，约等于 9.8 米 / 秒 ^{2}），以及空气的阻力 kv[其中 $v=v(t)$ 是时间 t 时的下降速度]。沿着运动方向的合力为 $F=mg-kv$，这里的负号表示阻力的作用方向与运动方向相反。

牛顿第二运动定律可表述为 $F=ma$，其中 $a=\mathrm{d}v/\mathrm{d}t$ 表示加速度，即速度随着时间的变化率。因此，我们可得：

$$m\frac{\mathrm{d}v}{\mathrm{d}t}=mg-kv \qquad (9)$$

式 (9) 表示该问题的**运动方程**，它是一个包含未知函数 $v=v(t)$ 的线性微分方程。将式 (9) 两边分别除以 m，并将比值 k/m 用 a 来表示，得到简化的表达式：

$$\frac{\mathrm{d}v}{\mathrm{d}t} = g - av \qquad (a = \frac{k}{m}) \tag{10}$$

如果我们将表达式 $\mathrm{d}v/\mathrm{d}t$ 看成两个细微变量的比值，式 (10) 可以整理成变量 v 和 t 分别在等号两边的形式：

$$\frac{\mathrm{d}v}{g - av} = \mathrm{d}t \tag{11}$$

分别对等号的两侧进行积分，即求反导数，可得：

$$-\frac{1}{a}\ln(g - av) = t + c \tag{12}$$

其中 $\ln$ 表示自然对数（对数的底数是 e ），c 是积分常数。c 的值可以由*初始条件*（降落伞打开瞬间的速度）决定。将这一初速度用 v_0 表示，即 $t=0$ 时 $v=v_0$；将它代入到式 (12) 中，可得 $-\frac{1}{a}\ln(g - av_0) = 0 + c = c$。将 c 的值代回式（12）中，经过细微的简化可得：

$$-\frac{1}{a}[\ln(g - av) - \ln(g - av_0)] = t$$

根据对数运算法则 $\ln x - \ln y = \ln(x/y)$，上述等式可以写成：

$$\ln\left[\frac{g - av}{g - av_0}\right] = -at \tag{13}$$

最终，解式 (13) 得到以 t 表示的 v 的表达式：

$$v = \frac{g}{a}(1 - \mathrm{e}^{-at}) + v_0\mathrm{e}^{-at} \tag{14}$$

这就是所要求的解 $v = v(t)$。

从式 (14) 中我们能够得出两点结论。首先，如果跳伞者在他离开飞机的瞬间就打开降落伞，即 $v_0 = 0$，那么式 (14) 中的最后一项可以略去。但如果他在打开降落伞之前是自由落体运动，那么随着时间的推移，初始速度 v_0 将会呈指数减少。实际上，当 $t \to \infty$ 时，表达式 e^{-at} 趋于 0，从而获得**极限速度** $v_\infty = g/a = mg/k$。该极限速度与初始速度 v_0 无关，仅与跳伞者所受的重力 mg 以及阻尼系数 k 有关，这也是确保跳伞者可以安全降落的原因。函数 $v=v(t)$ 的图形如图 10-5 所示。

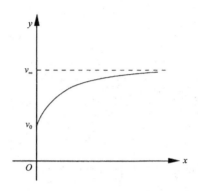

图 10-5　空气中跳伞者的降落速度接近于极限速度 v_∞。

感觉可以量化吗

1825 年，德国生理学家恩斯特·海因里希·韦伯（1795—1878）提出了一种用于测量人类的身体响应各种刺激的数学定律。为此，他进行了一系列试验：试验对象在试验中被蒙上双眼，同时手提重物，在对物体进行缓慢增重的过程中，他们要在感觉到物体重量增加的第一时间做出反应。韦伯发现，人们的反应并不是与绝对增量成正比，而是与相对增量成正比。也就是说如果一个人能够感觉出重量从 10 磅（1 磅≈ 0.45 千克）变成 11 磅的变化量（增加了 10%），那么当物体的初始重量为 20 磅时，他所能感觉到的阈值（可识别的最小增量）是 2 磅（也是 10% 的增量），如果物体是 40 磅，相应的增量为 4 磅，依此类推。用数学形式表示就是：

$$ds = k \frac{dW}{W} \tag{15}$$

其中 ds 是被蒙眼的人做出反应的阈值，dW 是相应的重量增量，W 是已有重量，而 k 为比例常数。

韦伯将他的定律推广到所有的身体刺激上，比如感知物理压力的痛觉、对光源亮度的知觉以及对声源强度的听觉。韦伯的定律后来被德国物理学家古斯塔夫·西奥多·费希纳（1801—1887）所推广，成为著名的韦伯－费希纳定律。

从数学角度来看，式 (15) 所描述的韦伯－费希纳定律是一个微分方程。对它积分后，我们得到：

$$s = k \ln W + C \tag{16}$$

其中 ln 是自然对数，C 是积分常数。如果我们用 W_0 表示可引起反应的最低物理刺激量（即阈值），那么就有 $W = W_0$ 时 $s = 0$，因此 $C = -k \ln W_0$。将它代回式 (16)，同时利用 $\ln W - \ln W_0 = \ln(W / W_0)$，我们最终得到：

$$s = k \ln \frac{W}{W_0} \tag{17}$$

这表明人类对刺激的反应遵循对数定律。换言之，要使做出的反应等阶递增，相应的物理刺激量必须以一个常数比率递增，即为几何级数。

虽然韦伯－费希纳定律看起来适用于很多生理反应问题，但它的一般有效性却成了一件有争议的事。当物理刺激量是可准确测量的客观量时，人体对它们的反应却是主观的。如何测量对疼痛的感觉呢？或者是对热的感觉？不过确有一种可精确测量的感觉：对音调的感觉。人类的耳朵是非常灵敏的器官，它甚至可以察觉出因 0.3% 的频率变化所引起的音调变化。专业的音乐家可以明显地感觉出音调之间的细微差别，而即使是未经过专业训练的人的耳朵也可以轻易觉察出一个音符比四分音符高还是低。

当韦伯－费希纳定律用于音调感觉时，音程（以音调增加）对应于频率的等比值增长，因此音程对应于频率比。例如，八度音阶的第一音阶对应的频率比是 2∶1，第五音阶对应的比是 3∶2，第四音阶是 4∶3，如此等等。当我们听到一串八度音阶的音符时，它们的频率实际上是以序列 1, 2, 4, 8 递增的，依此类推（如图 10-6 所示）。因此，以音符所写成的乐谱实际上是一个对数尺，其中的垂直距离（音调）与频率的对数值成比例。

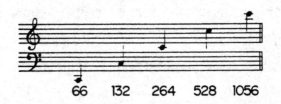

图 10-6　等分音符对应频率（声音每秒内的周期数）的几何递增关系

人类耳朵感觉频率变化的非凡灵敏度也体现在它的听力范围上——从约 20 赫兹（每秒 20 个周期数）到约 20 000 赫兹（这一上限会随着年龄的不同而改变）。用音调来表示，这一范围对应 10 个八度音符（一支管弦乐队很少会使用 7 个以上的八度音符）。相比之下，眼睛感觉到的波长范围（3900~7700 埃①）还不到 2 个"八度"。

这些符合对数规律的现象还包括声强单位分贝，恒星亮度单位星等[8]，以及地震强度等级标度里氏震级。

---

① 1 埃 =10^{-10} 米。——译者注

e^θ：神奇螺线

"虽历沧海，我依故我。"

——雅各布·伯努利

　　显赫的家族成员周围总免不了有一种神秘感。兄弟反目、争权夺势以及血脉相连的家族烙印，这些一直是无数小说和历史传奇中反复演绎的题材。英格兰有皇室，美国有肯尼迪和洛克菲勒家族，但连续几代人在同一知识领域提出顶级创造性思想的家族少之又少。有两个家族的名字是不得不提的：音乐领域的巴赫家族以及数学领域的伯努利家族。

　　1583 年，伯努利家族的祖先为了躲避天主教徒对胡格诺派新教徒的迫害而逃离荷兰。他们后来定居巴塞尔，这是莱茵河畔一个宁静的城镇，位于瑞士、德国和法国的交界处。伯努利家族作为成功的商业世家确立了他们在当地的声望，但年轻的伯努利无可救药地迷上了科学。随后，这一家族开始了从 17 世纪末到几乎整个 18 世纪对欧洲数学的长期统治。

人们不可避免地总会将伯努利家族和巴赫家族进行对比，这两个家族势均力敌，在各自的领域活跃了大约 150 年。当然，它们之间也存在明显的区别。巴赫家族中的一位成员尤其声名显赫：约翰·塞巴斯蒂安·巴赫（1685—1750）。他的祖先和孩子都是天才的音乐家，其中一些人凭自身实力成为著名的作曲家，如卡尔·菲利普·伊曼纽尔·巴赫以及约翰·克里斯蒂安·巴赫，只不过他们都无法企及约翰·塞巴斯蒂安·巴赫所达到的成就。

在伯努利家族中，特别出众的人物不是一个而是 3 个：雅各布·伯努利和约翰·伯努利兄弟，以及约翰·伯努利的儿子丹尼尔。巴赫家族的生活非常融洽，父亲、叔伯以及后辈们一起和睦地追求着音乐方面的造诣；但伯努利家族却以他们之间的恩仇和报复而闻名，不仅在家族内部如此，与其他人之间也是如此。由于伯努利家族在微积分发明的优先权之争中站在莱布尼茨这一边，他们被卷入了许多纠纷当中。但这些似乎毫不影响这个家族的基因，这一家族的成员拥有无穷的创造力，在当时几乎所有的数学和物理学领域都做出了贡献（如图 11-1 所示），其中至少有 8 位取得了突出的数学成就。当约翰·塞巴斯蒂安·巴赫成为巴洛克时代鼎盛时期的一个缩影，并带来长达两个世纪的音乐盛世时，伯努利家族开拓了好几个崭新的数学领域，其中就包括概率论和变分法。和巴赫家族一样，伯努利家族也都是伟大的天才，正因为他们在新发明的微积分法上所做出的贡献，微积分才得以在整个欧洲大陆盛行。

伯努利家族中第一个在数学上有卓越成就的人是雅各布·伯努利（又名"雅克"和"詹姆斯"），他出生于 1654 年，1671 年在巴塞尔大学获得了哲学学位。在拒绝了父亲尼古拉斯所要求他从事的教会工作后，雅各布·伯努利开始对数学、物理学以及天文学感兴趣，用他自己的话说就是："违背了父亲的意愿后我开始研究天体。"从此，他开始四处游学，与那个时代的顶级科学家通信和会面，其中就包括罗伯特·胡克以及罗伯特·波义耳。从这些科学家身上，雅各布·伯努利了解到了物理学与天文学方面的最新研究成果。1683 年，他回到故乡巴塞尔，开始在大学任教，直到 1705 年去世。

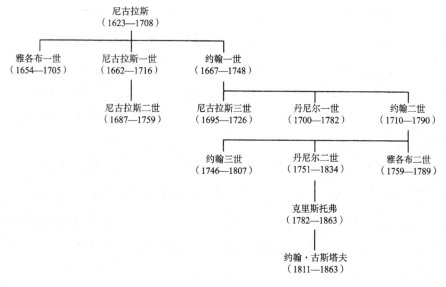

图 11-1　伯努利家谱

雅各布·伯努利的第二个弟弟约翰·伯努利（又名"约翰尼斯"和"约尼"）出生于 1667 年。和雅各布·伯努利一样，他也违背了父亲要他接管家族生意的意愿。他开始学习的是医学和人文学，但不久便被数学所吸引。1683 年，他搬去与雅各布·伯努利一起居住，从此以后二人的研究工作便紧密地联系在了一起。他们一起研究了当时刚刚诞生的微积分学，而这花去了他们大约 6 年的时间。在那个年代，微积分是一个刚刚诞生的崭新的学术领域，即使是专业的数学家也很难掌握它，更主要的是当时还没有任何教科书。因此，兄弟二人只能靠他们自己坚持不懈的努力以及与莱布尼茨的积极交流来开展研究，没有借助任何已有的成果。

他们在掌握这门学科之后，就立即着手于传播推广，这主要是通过对几个顶级的数学家进行私人授课完成的。约翰·伯努利的学生中包括后来撰写了第一部微积分著作《无限小分析》的洛必达。在这本书中，洛必达提出了一种用于计算0/0这一不定表达式的法则（见第4章），但著名的"洛必达法则"（现在已经成了标准微积分教材中的一部分）实际上是由约翰·伯努利发现的。

通常，一个科学家以自己的名义发表别人的研究成果属于剽窃行为，但这里是正当的，因为他们二人曾达成协议：洛必达为约翰·伯努利讲课支付学费，作为交换，他可以随意使用约翰·伯努利的成果并以他自己的名义公开发表。洛必达的教材在欧洲很受欢迎，并为微积分在学术界的推广做出了巨大的贡献。[1]

伯努利兄弟的名声越来越响，争吵也越来越多。随着约翰·伯努利的成功，以及他对哥哥雅各布·伯努利越来越傲慢的态度，雅各布·伯努利似乎被激怒了。事情变得一发不可收拾的导火索是兄弟俩各自独立解决了 1696 年由约翰·伯努利提出的一个力学问题：寻找一条曲线，使仅在重力作用下沿此线运动的质点，到达另一个不高于它且位于非正下方的点所用的时间最短。这就是著名的最速降线（brachistochrone，来源于希腊语，意即"最短时间"）问题，伽利略曾经解答过这个问题，错误地认为答案为一段圆弧。约翰·伯努利再次向"全世界最聪明的数学家们"提出这个问题，并要求求解的时间不超过 6 个月。最终，有 5 个人得到了正确答案：牛顿、莱布尼茨、洛必达和伯努利兄弟。这一曲线最终被证明为摆线，它是由圆周上的某一点在圆沿水平线滚动时所形成的轨迹（如图 11-2 所示）。

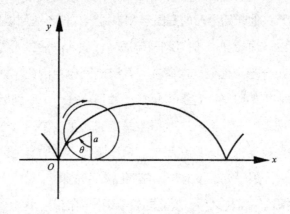

图 11-2　摆线

这一曲线优雅的外形以及它独一无二的几何特性早就引起此前几位数学家的兴趣。就在二十多年前，克里斯蒂安·惠更斯（1629—1695）发现摆线是另一个著名问题"等时降落轨迹"（找到一条曲线，使仅受重力作用的质点无论从哪里开始沿此线运动，到达给定点的时间都是一定的）的解。事实上，惠更斯曾将这一结果运用到钟表制造上，即将钟摆的上端限制在摆线的两个分支之间，使得不管摆锤的振幅有多大，钟摆的周期均相等。约翰·伯努利对发现该曲线可以解决两个问题感到非常兴奋："我告诉你答案后你肯定会惊呆的，因为那条摆线（惠更斯的等时降落轨迹）恰恰是我们所要寻找的最速降线问题的解。"[2] 只不过他们的兴奋很快就变成了令人不快的私人恩怨。

　　尽管兄弟二人各自得到了同样的解，但他们采用的方法却迥然不同。约翰·伯努利借助于光学中的一个类似问题：找到光线在穿过一个密度不断增加的渐变介质时所形成的轨迹 [这与最短距离路径问题的解（一条直线）无关]。今天的数学家们可能对依赖于物理原理解数学问题的方法不屑一顾，但在 17 世纪末，纯粹数学与物理之间的区别并没有今天这样分明，因此其中一门学科的发展会严重影响另外一门。

　　雅各布·伯努利的方法则更偏重于数学，他运用了自己发展的一个新的数学分支：变分法。这是对常规微积分的推广，在常规微积分中的一个基本问题就是要找到某个给定函数达到最大或最小值时相应的 x 值。变分法将这一问题扩展到寻找极值函数，使某整数值（例如给定的面积）取得最大或最小值。这一问题就演变为寻找微分方程，使它的解为所求函数。最速降线问题就是变分法的最初应用实例之一。

　　尽管约翰·伯努利的答案是正确的，但是他的推导过程是不恰当的。后来，约翰·伯努利试图用雅各布·伯努利正确的推导方法来代替自己原有的方法。此举换来的却是批评的声音，并使整件事急剧恶化。当时在荷兰格罗宁根大学任职的约翰·伯努利发誓，只要他的哥哥还活着，他绝不踏入巴塞尔半步。1705 年雅各布·伯努利去世，约翰·伯努利很快接替了他哥哥在巴塞尔大学的教授职务，直到 1748 年以 80 岁的高龄去世。

　　哪怕只是简单地列出伯努利家族的成就也需要一整本书。[3] 雅各布·伯

努利最大的成就当属他在概率论方面的巨著《猜度术》（*Ars conjectandi*，在他去世 8 年后的 1713 年才得以出版），这本在概率论方面具有巨大影响的著作足以媲美欧几里得的《几何原本》。同时，雅各布·伯努利还在无穷级数方面做出了意义重大的贡献，他是第一个攻克收敛难题的人（我们知道，牛顿已经注意到这一问题，只不过是用纯粹的代数方法处理无穷级数的）。他证明了序列 $1/1^2+1/2^2+1/3^2+\cdots$ 的收敛性，但却无法找到这一和（直到 1736 年才由欧拉求出该结果——$\pi^2/6$）。雅各布·伯努利还在运用微分方程解决各种几何和力学问题上开展了十分重要的工作；在解析几何中引入极坐标，并用它们来描述多种螺旋曲线（稍后将作详细介绍）。他是第一个引入"积分"一词来命名微积分中分支的人，在此之前莱布尼茨称之为"求和的微积分"。同时，他还是第一个指出 $\lim_{n\to\infty}(1+1/n)^n$ 与复利问题之间关系的人。通过对表达式 $(1+1/n)^n$ 进行二项式展开（见第 4 章），他得出了极限值一定在 2 和 3 之间的结论。

约翰·伯努利的研究工作大致上涵盖了雅各布·伯努利的所有研究领域：微分方程、力学以及天文学。在痛苦而激烈的牛顿 - 莱布尼茨之争中，他担当了后者的口舌。他甚至还支持笛卡儿陈旧的漩涡论以反对牛顿刚刚提出的万有引力论。约翰·伯努利在连续介质力学（弹性力学和流体力学）方面做出了非常重要的贡献，并在 1738 年出版了他的专著《流体力学》（*Hydraulica*）。然而，这本书实际上完全是从他儿子丹尼尔（1700—1782）的著作《流体力学》（*Hydrodynamica*，与 *Hydraulica* 在同一年出版）那里剽窃来的。在这本著作中，丹尼尔描述了流体压力与速度之间的关系，这一关系就是现在每个空气动力学专业的学生都熟悉的伯努利定理，它是飞行器理论的基础。

和约翰·伯努利的父亲尼古拉斯要求儿子经商一样，约翰·伯努利也为丹尼尔强行安排了这一职业，但是丹尼尔注定要追求他在数学和物理学上的兴趣。约翰·伯努利和他的儿子丹尼尔之间的关系也不比和他哥哥雅各布·伯努利的关系好。约翰·伯努利曾 3 次获得巴黎科学院两年一次的奖项，其中第三次是与他的儿子丹尼尔（曾获得该奖项 10 次）一起分享的。与儿子分享同一个奖项让约翰·伯努利非常恼怒，于是他把儿子逐出家门。又一次，伯努利家族在享受数学成就上的声望的同时，也招致了因个人恩怨而来的恶名。

伯努利家族在数学领域继续活跃了一个世纪，直到 19 世纪中期，这个家族在数学上的创造力才消失殆尽。伯努利家族的最后一个数学家是约翰·古斯塔夫·伯努利（1811—1863），他是丹尼尔弟弟约翰二世的曾孙，并和父亲克里斯托弗（1782—1863）于同一年去世。有意思的是，巴赫家族的最后一位音乐家——风琴演奏家及画家约翰·菲利普·巴赫（1752—1846）也在同一时代去世。

让我们以一件轶事来结束伯努利家族的故事，和其他伟人的故事一样，这个故事也许从未发生过。丹尼尔·伯努利有一次出外旅行，遇见一位陌生人，两人谈得很投机。于是丹尼尔郑重地自我介绍说："我是丹尼尔·伯努利。"那人听完顿了一会儿，随后用一种讽刺的口气说："我是艾萨克·牛顿。"丹尼尔终身以此为荣，认为这是他所得到的最大的恭维。[4]

———————●———————●———————●———————

自从 1637 年笛卡儿引入解析几何后，在引起数学家们极大兴趣的诸多曲线中，有两条曲线具有非常重要的地位：摆线（前面已经提到了）和对数螺线。后者是雅各布·伯努利的拿手好戏，但在我们开始讨论它之前，必须先简单地描述一下极坐标。笛卡儿曾提出，在一个由两条线（x 轴和 y 轴）划分的平面上可以对某个点 P 进行定位，前提是已知它到两条线之间的距离。我们还可以通过下面这种方法对点 P 进行定位：给定点 P 到某个固定点 O 之间的距离 r（也就是所谓的"极"，通常选择直角坐标系的原点作为固定点 O），以及射线 OP 与某个固定的参考线（比如 x 轴）之间的夹角 θ（如图 11-3 所示）。(r, θ) 就是点 P 的极坐标，相对于直角坐标系而言就是 (x, y)。乍一看，这样的坐标系显得很奇怪，但实际上它是非常常见的——想象一下在飞行控制室中的雷达显示屏上是怎样显示飞机的方位的。

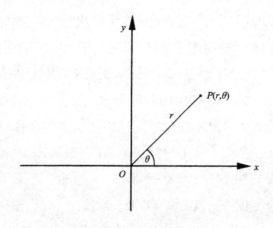

图 11-3　极坐标

　　与方程 $y=f(x)$ 可以看成直角坐标系中的某个运动的点 (x, y) 所形成的轨迹类似，方程 $r=g(\theta)$ 也可以被认为是极坐标系中某个运动的点 (r, θ) 所形成的轨迹。值得注意的是，同一个表达式在两个不同的坐标系中往往表示两个不同的曲线。例如，方程 $y=1$ 描述的是一条水平线，而 $r=1$ 表示的则是一个圆心在原点，半径为 1 的圆。换言之，同一图形在直角坐标系和极坐标系中有不同的表达式。例如，刚刚描述的那个圆的极坐标方程为 $r=1$，但直角坐标方程是 $x^2+y^2=1$。坐标系的选择取决于方程表达是否便利。图 11-4 给出的是一个 "8" 字形曲线，它就是著名的伯努利双纽线（因雅各布·伯努利而得名），它的极坐标方程是 $r^2=a^2\cos(2\theta)$，相应的直角坐标方程就要复杂很多：$(x^2+y^2)^2=a^2(x^2-y^2)$。

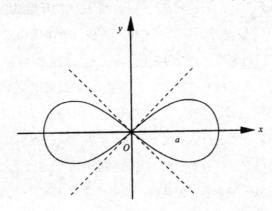

图 11-4　伯努利双纽线

在伯努利之前, 极坐标只是偶尔被使用, 牛顿在他的《流数法》中将它称为适用于表述螺旋曲线的八大坐标系之一。但是雅各布·伯努利是第一个将极坐标进行扩展运用的人, 他将极坐标应用于各种曲线, 并从中寻找它们各自的特性。当然, 他首先要做的就是用极坐标的方法详细描述出曲线的各种属性, 如曲线的斜率、曲率、弧长、面积等, 它们在直角坐标系中的属性已经由牛顿和莱布尼茨完成了。这一任务放在今天当然是很容易的, 在第一年的积分课程中这是最普通的课后练习。但在伯努利的时代, 这是开天辟地的举动。

在转换到极坐标的过程中, 雅各布·伯努利有机会研究许多新的曲线, 对此他满腔热情。前面我们已经提到过, 雅各布·伯努利最偏爱的就是对数螺线。它的极坐标方程是 $\ln r = a\theta$, 其中 a 是一个常数, 而 $\ln$ 是自然对数, 即当时所谓的 "双曲线" 对数。今天, 我们一般将这个函数写成 $r = e^{a\theta}$ 的形式, 但在那个时代指数还未得到充分认识 (甚至数字 e 还没有用一个特定的字符来指代)。在微积分计算中, 我们往往用弧度数而非度数 (即弧度法) 来表示角 θ 的大小。1 弧度指的是圆弧上两点满足如下条件时圆弧对应的圆心角大小: 圆弧上这两点之间的弧长恰好等于圆的半径 r (如图 11–5 所示)。由于圆周长为 $2\pi r$, 因此旋转一周所对应的角度为 2π (约等于 6.28) 弧度, 所以 2π 弧度 =360 度, 从中可以得到 1 弧度等于 ($360/2\pi$) 度, 约等于 57 度。

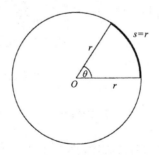

图 11–5　弧度的测量

如果我们在极坐标系中画出方程 $r = e^{a\theta}$, 就可以得到一个如图 11–6 所示的曲线, 也就是对数螺线。其中常数 a 决定了曲线的增长速率。如果 a 是一个正数，当我们沿着逆时针方向旋转时，到极点的距离 r 会随之增长，并形成一个左手螺线；相反，如果 a 是负数，r 随之递减而形成右手螺线。曲线 $r=e^{a\theta}$ 和 $r=e^{-a\theta}$ 构成对称图形（如图 11-7 所示）。

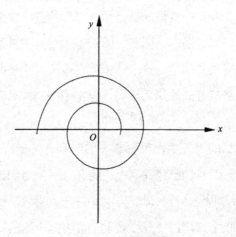

图 11-6　对数螺线

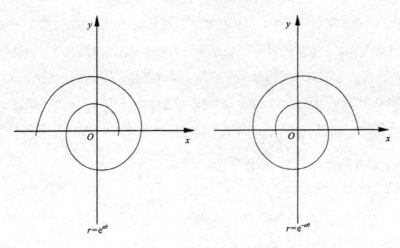

图 11-7　左手螺线与右手螺线

　　对数螺线一个最重要的特征就是：如果使角 θ 等量增加，到极点的距离 r 会等比例增加，即以几何级数增加。这可由特性 $e^{a(\theta+\varphi)}=e^{a\theta}\times e^{a\varphi}$ 而得，其中的因子 $e^{a\varphi}$ 就是公比。具体而言，如果让曲线旋转几周（即以 2π 的倍数增加角的度数），我们就可以测量出沿着任意一条从点 O 发出的射线所形成的距离，并观察它们的几何增长规律。

如果从螺线上的任意固定点 P 向内旋转，那么在到达极点之前，我们必须进行无限次的旋转。但奇妙的是，旋转所经过的距离却是一个有限值。这一有趣的现象是由伊万吉利斯塔·托里拆利（1608—1647）在 1645 年发现的，他是著名的物理学家伽利略的门徒。他得出的结论是：螺线从点 P 到极点的弧线长度等于螺线在点 P 的切线与 y 轴相交所形成线段的长度（如图 11-8 所示）。当螺线的角度 θ 线性增加时，托里拆利认为螺线半径以几何级数递增，这让人们联想到费马求曲线 $y=x^n$ 下的投影面积的方法（当然，借助于积分学，这一结果更易获得，详情请参考附录 6）。这是非代数曲线的第一求长法——寻求弧线的长度。

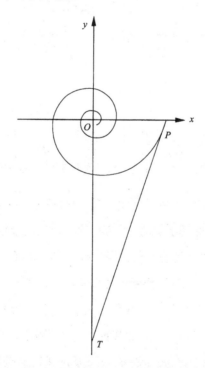

图 11-8　对数螺线的求长法：线段 PT 的长度等于从 P 到 O 的弧线长度

对数螺线的一些最著名的性质是建立在函数 e^x 等于它自身的导数这一基础之上的。例如，**每一条经过极点的直线切割对数螺线所形成的夹角均相等**

（如图11-9所示，这一特点的证明在附录6中有所描述）。不仅如此，对数螺线还是唯一具有该性质的曲线，因此它也被称为**等角螺线**。这使得对数螺线与圆（圆上的这一夹角是90度）有紧密的关系。事实上，圆是增长速率为0的对数螺线的特例：将 $a=0$ 代入方程 $r=e^{a\theta}$，我们得到 $r=e^0=1$，也就是单位圆的极坐标方程。

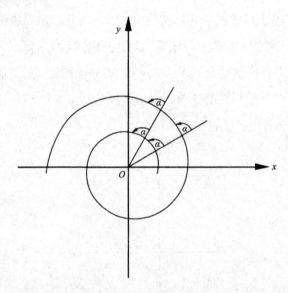

图 11-9　对数螺线的等角性：每一条经过极点的直线切割对数螺线所形成的夹角均相等

　　对数螺线让雅各布·伯努利最为兴奋的特性是，在大多数的几何变化过程中，对数螺线都是保持不变的。例如，考虑一下它的互逆变换，一个极坐标为 (r,θ) 的点 P 被映射到另外一个极坐标为 $(1/r,\theta)$ 的点 Q 处（如图11-10所示）。通常情况下，互逆变换会彻底改变曲线的形状，例如双曲线 $y=1/x$ 被转换成前面所提到的伯努利双纽线。这一点都不奇怪，因为将 r 换成 $1/r$ 意味着一个靠近原点 O 的点在发生变换后将会远离它，反之亦然。但这一规则对对数螺线而言似乎不那么奏效：将 r 换成 $1/r$ 只是将方程 $r=e^{a\theta}$ 变成了 $r=1/e^{a\theta}=e^{-a\theta}$，而后者的图形仅是原来螺线的对称图形。

　　正如互逆变换可以从给定的曲线中产生新的曲线一样，我们也能从给定曲线中构建渐屈线来获得新的曲线。这涉及曲率中心的概念。前面讲过，曲线上每一点的曲率代表的是该点改变方向的速率；它是一个随着点的变化而变化的数（就和曲线的切线随着点的变化而变化一样），因此它是一个独立的变量。曲率通常用希腊字母 κ 来表示，它的倒数 $1/\kappa$ 被称为**曲率半径**，通常用字母 ρ 表示。ρ 越小，该点的曲率越大，反之亦然。一条直线的曲率是 0，那么它的曲率半径是无穷大。圆具有固定的曲率，它的曲率半径很简单，就是它的半径。

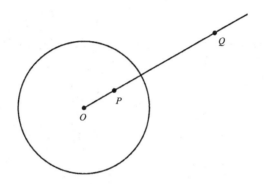

图 11-10　单位圆中的互逆变换：$OP \cdot OQ = 1$

如果我们过曲线的每一点做出该点切线的垂线（在曲线的凹面侧），并且沿着它量出一段长度恰好等于该点曲率半径的线段，我们就得到了这个点的**曲率中心**（如图 11-11 所示）。渐屈线就是原曲线上每一点在运动过程中

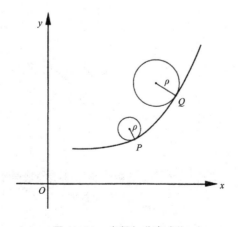

图 11-11　半径与曲率中心

对应的曲率中心所形成的轨迹。通常情况下，渐屈线都与原曲线不同，是一条全新的曲线，例如抛物线 $y=x^2$ 的渐屈线的方程通常是 $y=x^{2/3}$ 的形式（如图 11-12 所示）。而令雅各布·伯努利欣喜不已的发现是，对数螺线就是它自己的渐屈线 [摆线也有这一特点，只不过摆线所对应的渐屈线是另外一条摆线，它与原来的摆线相同，但是发生了位移变化（如图 11-13 所示），而对数螺线的渐屈线就是对数螺线本身]。不仅如此，他还发现了对数螺线的垂足曲线（从极点到给定曲线的切线的垂直投影所形成的轨迹）和焦散曲线（位于极点的光源辐射的光线被曲线反射而形成的曲线）依然是它本身。

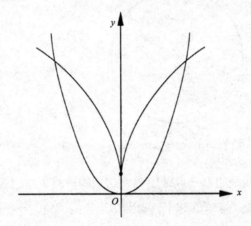

图 11-12　抛物线的渐屈线

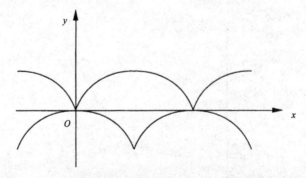

图 11-13　摆线所对应的渐屈线是另外一条与原来的摆线形状相同
但发生了位移变化的摆线

　　雅各布·伯努利被他自己的这些发现深深打动，因此他写下了一段深奥的赞誉，献给这条他所深爱的曲线："这条神奇螺线具有奇特而又精彩的特征……它总是产生一条与它自己相似、实际上完全一致的螺线，它可进可退，可被反射，可被折射……它应当用来象征在灾难中坚不可摧的精神。"[5] 他将对数螺线起名为"神奇螺线"，并希望在他死后可以按照阿基米德的做法，将这一曲线刻在他的墓碑上，并加以"虽历沧海，我依故我"的墓志铭（根据传说，阿基米德要求在他的墓碑上刻一个圆柱，圆柱里内切一个球，球的直径恰与圆柱的高相等）。雅各布·伯努利的遗愿基本上得到了满足。不知道是因为疏忽还是为了偷懒，石匠虽然在雅各布·伯努利的墓碑上刻了一条曲线，但那是一条阿基米德螺线，而不是对数螺线（在阿基米德螺线或渐开线中，每一次连续变化所引起的到极点距离的变化量，都以固定差值而非固定比值增大，胶片唱盘上的音轨就是一条渐开线）。现在到巴塞尔大教堂的游客还可以在修道院中看到墓碑上的图形（如图 11-14 所示）。

图 11-14　雅各布·伯努利在巴塞尔的墓碑

约翰·塞巴斯蒂安·巴赫与约翰·伯努利的历史性会面

巴赫家族是否有成员曾经碰到过伯努利家族的人呢？可能性很小。在 17 世纪，除非有足够的理由人们才会旅行，而且是当作一项事业去完成。除非偶遇，否则他们会面唯一可能的理由就是彼此仰慕而产生了强烈的见面的意愿，只不过目前还没有找到任何证据来证明这一点。然而，他们之间曾经碰过面的说法倒也讲得通。让我们想象一下约翰·伯努利（也就是约翰一世）与约翰·塞巴斯蒂安·巴赫会面的情景。时间是 1740 年，这时二者的声望均达到了顶峰。这一年，身为风琴演奏家、作曲家的巴赫55 岁，担任德国莱比锡圣·托马斯大教堂合唱团的总指挥；而 73 岁的伯努利则是巴塞尔大学最具盛名的教授。会谈的地点在距离两人居住地差不多远的纽伦堡。

巴　赫　教授先生，久闻您在数学方面的卓越成就，今日与您相见，实在备感荣幸啊。

伯努利　我也非常高兴能够见到您，指挥家先生。您风琴演奏家及作曲家的声名已胜于莱茵河了。但恕我冒昧地问一句，阁下真的对我的工作感兴趣吗？我的意思是，音乐家们通常都不太精通数学，对吧？不瞒您说，我对音乐的兴趣也仅仅局限在理论方面。谈谈我的工作吧，不久前我和我的儿子丹尼尔一起对弦的振动理论进行了一些研究。这是一个全新的研究领域，在数学中我们称之为连续介质力学。[6]

巴　赫　实际上，我也对弦的振动方式很感兴趣。正如您所知，我有时也会弹奏大键琴，它的声音就是通过按键迫使弦振动产生的。我被这个乐器的技术问题困扰多年，看来也只有今天才有望得到答案啊。

伯努利　那究竟是什么问题呢？

巴　赫　您也是知道的，通常我们所用的音阶都是基于弦的振动规律。在音乐中使用的音程（八度、五度、四度等）都来自于弦的和音和泛音（弦的振动导致的弱高音）。这些和音的频率是基频（最低的那个频率）的整数倍，所以它们形成了级数 1，2，3，4，…（如图 11-15 所示）。我们的音程对应于这些数的比率：八度是 2∶1，五度是 3∶2，四度是 4∶3，等等。而这些比率所形成的音阶就被称为**纯律音阶**。

图 11-15　由振动的弦所发出的和音或泛音的序列。数字表示的是音符的相对频率

伯努利　这正好符合我对数列的偏爱。

巴　赫　但有个问题。这些比值所构建的纯律音阶中包含 3 个基本音程：9∶8、10∶9 以及 16∶15（如图 11-16 所示）。前面两个音程几乎相等，而且每个都被称为一个全音，或第二音（这一命名的原因是它与标尺中的第二个音符有关）。最后一个比值要小得多，因此被称为半音。现在，假如您从 C 调开始，向高音部分的音阶依次为 C–D–E–F–G–A–B–C′，第一个音程（即从 C 调到 D 调）就是一个频率比为 9:8 的全音。接下来的一个音程（从 D 调到 E 调）也是一个全音，但是对应的频率比却是 10:9。余下的各音程分别为 E 调到 F 调（16:15），F 调到 G 调（9:8），G 调到 A 调（10:9），A 调到 B 调（9:8）以及最终的 B 调到 C′ 调（16:15）——最后一个 C′ 调是 C 调的高八度音。这一音阶就是常说的 C 大调。但不管从哪个音符开始，都应该有同样的比率关系。每一个大音阶都包含相同顺序的音程。

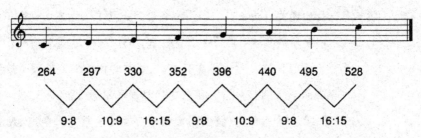

图 11-16　C 大调的音阶。上一行数表示一个八度里每个音符的频率，下一行数表示相邻两个音符的频率比

伯努利 我明白了您的意思，您对同一个全音程对应两个不同的比值感到很迷惑，对吧？但是，为什么您会被此困扰呢？毕竟，音乐已经出现了好多个世纪，而且没有其他人为此所困啊。

巴　赫 事实上，确实不值得这样。但是，不仅全音有两个截然不同的比值，如果我们把两个半音相加，它完全不等于全音中的任何一个。你也可以自己验算一下。这就好像 1/2+1/2 并非恰好等于 1，仅仅是近似。

伯努利 （埋头在他的笔记本上画了一些图）确实像您说的那样。要把音程相加，必须将它们所对应的频率比值相乘。两个半音相乘也就对应于它们的乘积 (16：15)×(16：15) = 256：225，近似等于 1.138，这一结果比 9：8 = 1.125 和 10：9 = 1.111 都要略大。

巴　赫　您已经明白了其中的微妙之处。大键琴有一个独立的机械体系，使得每根弦都以一个特定的基频振动。这也就意味着如果我想演奏 D 大调的一段，而不是 C 大调（也就是常见的变调），那么第一个音程（从 D 调到 E 调）就会是 10：9，而不是原来的 9：8。这倒也没什么，因为 10：9 依然属于音阶中的一部分，而且大部分听众也无法分辨出这种细微的区别。而接下来的音程也应当是一个全音，它可由半音 E 调到 F 调以及半音 F 调到升 F 调组成。这样，相应的比率就变成了 (16：15)×(16：15) = 256：225，这一音程在音阶中是不存在的。而这个问题也只是混杂在变调中出现，并且带来了一个新的音阶。简而言之，按照目前的调音系统，我无法从一个音程变调到另一个，除非我只是演奏很少的几种可以发出连续音调的乐器，如小提琴或者是人声。

巴　赫　（不等伯努利回答）不过我找到了一种矫正的方法：让所有的全音都相等。这就意味着两个半音相加总能得到一个全音。只是，要完成这一工作，我不得不放弃自己所喜欢的调音音程作为妥协。在新方法中，高八度音由 12 个相同的半音组成，我把它称为平均律。[7] 问题是，我很难让我那些音乐界的朋友理解这种新音阶的优势，他们还是执拗地守着旧音阶不放。

伯努利　也许我能帮上您一点忙。首先，我需要知道您新的音阶中半音的频率比是多少。

巴　赫　嗯，您是数学家嘛。我相信您可以轻松搞定。

伯努利　我刚刚算了一下。如果八度音中有 12 个相等的半音，那么每个半音的频率比就是 $\sqrt[12]{2}$：1。实际上，将所有的 12 个半音相加，对应的音程就是 $(\sqrt[12]{2})^{12}$，也就是八度音 2：1。[8]

巴　赫　我现在彻底被您搞糊涂了。我对数学的知识仅局限于初等代数学。您可以用示意图表示出这种关系吗？

伯努利　我想应该没问题吧。我的哥哥雅各布·伯努利花了大量的时间研究一种叫作对数螺线的曲线。在这种曲线中，等角度的旋转所引起的曲线上的点到中心点距离的增量都是等比例的。这不正好是您刚刚所描述的那个音阶问题吗？

巴　赫　您能给我看看那条曲线吗？

伯努利　当然啦（如图 11-17 所示）。在和您谈话的过程中，我已经在这条曲线上标出了 12 个相等的半音。要从一个音阶跳到另一个音阶，您只要旋转这条曲线，使开始的那个音调恰好落在 *x* 轴上。余下的那些音调就会自动就位。这真的可以当成某种意义上的音乐计算器啊。

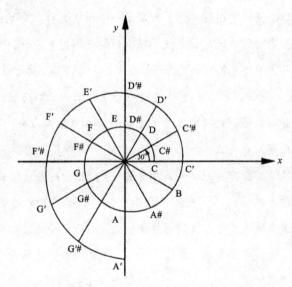

图 11-17　平均律音阶的 12 个音调分布在一条对数螺线上

巴　赫　这听起来确实很令人兴奋。或许您的螺线可以帮助我教会那些年轻的音乐家们这门新知识，因为我相信这种新的音程会给未来的演奏者们创造非常美好的前景。实际上，我正在创作一组叫作《平均律钢琴曲集》（*The Well-Tempered Clavier*）的作品集。每个曲目都是用 12 个主调或 12 个小调中的一个写成的。我曾在1722 年创作过一组类似的曲集，并作为指导书献给我的第一任妻子以及我的第一个儿子。如您所知，从那以后我有幸获得了更多的孩子，而且每个都表现出很好的音乐天分。这部新的作品就是写给他们还有我的第二任妻子的。

伯努利　我非常羡慕您和您的亲人之间的和睦关系。不幸的是，我无法将我自己的家庭描述得像您的那样温馨。由于种种原因，我们一直在争吵。我曾向您提到过我的儿子丹尼尔，他曾与我一道解决了好几个问题。不过 6 年前，我却不得不与他一起分享巴黎科学院颁布的奖项。对此，我始终觉得它应该属于我一个人。而且，他还站到了牛顿那边与莱布尼茨公然对阵，我认为莱布尼茨才是微积分的真正发明者。如此种种，我实在无法再与他一起工作下去了，所以我只有命令他离开家。

巴　赫　（费了好大劲才没让下巴掉下来）啊，请接受我对您及您家人的美好祝福。

伯努利　我也祝福您。直到今天我才发现原来数学和音乐之间有如此多的共同之处。

二人握手告别，各自踏上回家的漫长旅途。

艺术界和自然界中的对数螺线

　　对科学家、艺术家以及自然学家而言，再没有哪种曲线比对数螺线更具影响力了。被雅各布·伯努利取名为"神奇螺线"的这一螺线，它所具备的非同寻常的数学性质使它在所有的平面曲线中脱颖而出（见第 11 章）。自古以来，对数螺线优美的外形使它成为装饰图案的基本元素；而且，除了圆（它本身就是对数螺线的特例）之外，它在自然界中出现的次数远比其他曲线要多得多，其中某些还具有非常高的精度，比如鹦鹉螺外壳（如图11-18 所示）。

图 11-18　鹦鹉螺外壳

对数螺线最重要的一个特征恐怕就是，它从每个角度看过去都是一样的。更确切地说，从每个经过中心极点的直线切割螺线所形成的夹角总是相等的（如图 11-9 所示），因此它还被称作**等角螺线**。这一特性使得对数螺线具有圆一般完美的对称性——实际上圆就是一条切割夹角为 90 度、增长速率为 0 的对数螺线。

第二个特征与第一个有关：以等角度旋转对数螺线，曲线上的点到极点的距离总是以固定的比率增长，即以几何级数增长。因此，任何两条夹角经过极点的直线（不重合）切割螺线所形成的弧线总是相似的。这从鹦鹉螺外壳中可以清晰地看出来，螺壳上的小腔是完全一样的，只不过几何尺寸有所差别。在英国自然学家达西·汤姆逊（1860—1948）的经典著作《生长和形态》（*On Growth and Form*）中，他详细讨论到，对数螺线是一种完美的生长模式，它出现在自然界各种物体中，例如贝壳、触角、獠牙以及向日葵等（如图 11-19 所示）。[9] 除此之外，我们还要加上那些旋涡星系，不过这一现象在达西出版著作的 1917 年还没有被发现（如图 11-20 所示）。

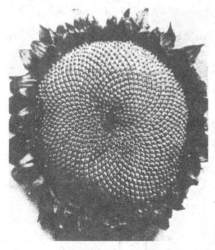

图 11-19 向日葵

图 11-20 旋涡星系 M100

在 20 世纪早期，人们对古希腊艺术以及相关的数学重新产生了兴趣。美学理论得到了充实，于是一些学者试图提出一种关于数学方程的美学概念，这也带来了对对数螺线的二次研究。1914 年，赛多·安德瑞·库克发表了《生活中的曲线》（*The Curves of Life*），书中用了近 500 页专门介绍对数螺线在艺术和自然界中的地位。杰·汉比基的《动态对称》（*Dynamic Symmetry*，1926）影响了一代又一代追求美与和谐完美结合的艺术家们。汉比基将**黄金分割率**作为他的指导原则。所谓黄金分割率就是把一条线段分割为两部分，使全长与其中较长部分之比等于这部分与较短部分之比（如图 11-21 所示）。这一比值常用字母 ϕ 来表示，它的值为 $(\sqrt{5}+1)/2 \approx 1.618$。许多艺术家坚信，在所有的矩形中，只有那些长宽比等于 ϕ 的矩形（黄金矩形）才具有"最令人愉悦"的尺寸。现在，这一比值已经在建筑学中发挥着特殊的作用。从任何一个黄金矩形中都可以得到一个新的黄金矩形：原有矩形的宽作为新矩形的长。这一过程可以无止境地重复下去，从而得到趋于 0 的无穷黄金矩形序列（如图 11-22 所示）。这些黄金矩形外切于一条对数螺线，即"黄金螺线"，汉比基将它作为自己的主要特色图案使用。一位受汉比基观念影响的作者是爱德华·爱德华兹，他出版的《基于动态对称的模式及设计》（*Pattern and Design with Dynamic Symmetry*，1932）一书中展示了上百件基于螺线元素的装饰设计（如图 11-23 所示）。

图 11-21　黄金分割率：C 将线段 AB 分割成两段，使得整条线段与较长的一段的比恰好等于较长线段与较短的线段的比值。如果整条线段的长度是单位长，我们就有 $1/x=x/(1-x)$。

这可以转化为二次方程 $x^2+x-1=0$。黄金分割率就是其中一个解，约等于 1.618

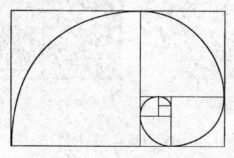

图 11-22　外切于对数螺线的黄金矩形。每一个矩形的长宽比都是 1.618 03…

荷兰艺术家莫瑞特斯·康纳利斯·埃舍尔（1898—1972）在他的大部分创作中都运用了这一螺线。在《生活的轨迹》（*Path of Life*，1958，如图 11-24 所示）中，我们可以看到一个由对数螺线所组成的网格，其中鱼沿着永无止境的圈游弋。向着永无止境的中心，它们显现出来的颜色是白色；但在边缘部分，它们的颜色又变成了灰色，从那以后它们再次回到中心，并在那里消失——生与死的永恒交替。埃舍尔用相同形状但大小呈几何递增的图案填充平面的灵感在这里迸发出耐人寻味的哲理。[10]

图 11-23　基于对数螺线的装饰设计。来源于爱德华的《基于动态对称的模式及设计》

图 11-24　埃舍尔，《生活的轨迹》（1958）

　　想象一下，4 条虫子位于一个正方形的 4 个角上。一声令下，它们开始分别爬向它们的邻居。它们将会遵循什么样的路径，并在何处碰头呢？结果表明，这条路径就是收敛于中心点的对数螺线。图 11-25 显示的就是基于 "四虫问题" 的诸多设计作品之一。

　　这里给那些喜欢梦想 "如果……那么会……" 的朋友提一个想法。假设万有引力定律符合立方关系，而不是平方关系，那么围绕太阳旋转的行星轨道将可能是一条对数螺线（双曲螺线 $r=k/\theta$ 是另外一种可能的轨迹）。这一点已经由牛顿在他的《原理》第一卷中给出了证明。

图 11–25　基于四虫问题的装饰设计

$(e^x + e^{-x})/2$: 悬挂的链子

> "因此，我被这一从未尝试过的内容（悬链线问题）
> 吸引了，并用我的钥匙（微分法）幸运地开启了它的秘密
> 之门。"
>
> ——戈特弗里德·威廉·莱布尼茨，
> 《教师学报》（*Acta eruditorum*, 1690）

至此，我们还没有介绍完伯努利家族。在微积分发明后的几十年中，数学家们所关注的一个典型问题是悬链线问题——悬挂的链子（来源于拉丁文 catena）。和最速降线问题一样，这一问题也是由伯努利兄弟中的一个所提出的，不过这次是哥哥雅各布。在 1690 年 5 月的一期《教师学报》（该期刊由莱布尼茨于 1682 年创办）中，雅各布这样写道："现在提出一个问题——找到一条两端悬挂于固定点的松弛的弦所形成的曲线。"[1]雅各布假定弦的每一个地方都是柔性的，并且具有统一的厚度，也就是说，弦的线密度是一致的。

这一著名问题和最速降线问题提出的时间很接近，而且参与

者也大多相同。伽利略早就对这一问题感兴趣了，并且认为所求的曲线就是一条抛物线。用肉眼看，一条悬挂的链子看起来当然像是一条抛物线了（如图 12-1 所示）。不过克里斯蒂安·惠更斯（1629—1695），这位历史地位多多少少有些被低估的（毫无疑问，这主要是因为他生活在前有开普勒和伽利略，后有牛顿和莱布尼茨的年代）荷兰的多产科学家，证明了悬链线不可能是抛物线。那是在 1646 年，当时惠更斯只有 17 岁。但是，要得到正确的曲线是另外一回事，而且在那个年代，没有人知道对这个问题究竟该从何下手。它是自然界的杰作之一，而且只有用微积分才有可能解决它。

图 12-1 悬链线：一条悬挂着的链子所形成的曲线

雅各布·伯努利提出这一问题一年后，也就是 1691 年 6 月，《教师学报》发表了惠更斯（当年已经 62 岁了）、莱布尼茨以及约翰·伯努利提交的 3 份正确答案。尽管每个人解决问题的方法不一样，但最终结果是一致的。雅各布自己并没能解出来，这让他的弟弟约翰异常兴奋。27 年后（这时雅各布已经去世多年），约翰在给一位同事（约翰曾声明是他而不是雅各布解决了这个问题，而该同事明确表示质疑）的信中写道：

　　"阁下声言是我哥哥提出了这一问题，这千真万确。但是能据此推断他当时已经有问题的解法了吗？不能。当他在我的建议下提出这个问题的时候（是我首先想到的），不管是他还是其他人都无法求解这个问题。我们当时认为这个问题无解，因而感到非常沮丧。直到有一天，莱布尼茨先生在 1690 年学报的第 360 页告诉大家他已经解决了这一问题，只不过为了给其他参与者一些时间，他选择暂时不发表他的结果。这让包括我哥哥和我在内的一干人等备受鼓舞，得以再次投身于这一问题的求解中。

"我哥哥的努力并没有获得成功，至于我，不得不说我完全找到了解答它的方法，这是多么的幸运（对此我无须自夸，为何我要隐瞒真相呢？）……第二天早晨，当我满心欢喜地冲到我哥哥那里时，他依然被这一难题痛苦地折磨着，深陷于伽利略所认为的悬链线即抛物线的泥潭中不知何去何从。我对他讲，停下来吧，不要再虐待自己去试图证明悬链线等于抛物线了，因为那是完全错误的。"[2]

对这两种曲线，约翰还加了一句，抛物线是代数的，而悬链线是超越的。和往常一样热闹的是，约翰这样总结道："你知道我哥哥的性格。如果他真的能够解决这一问题，他会毫不犹豫地夺去第一个解决这一问题的荣耀，而不会让我参与进来，更不必说让位给我了。"伯努利一家之间以及与他人之间不断结仇的恶名显然没有因时间的流逝而变淡。[3]

悬链线问题最终的结果是一条用现代数学语言表示为 $y=(e^{ax}+e^{-ax})/2a$ 的曲线，其中 a 是常数，它的值取决于链子的物理参数——线密度（单位长度的质量）以及它在悬挂处的应力。这一方程的发现被人们看成微积分学伟大成果的重要标志，也被那些参与者们当作提高自己声望的极佳素材。对约翰来说，这是"一张进入知名的巴黎学会的通行证"。[4]莱布尼茨则认为每个人都知道是他的微积分（他的"钥匙"）解决了这一谜题。如果现在觉得这些话都有些吹牛过头的话，那我们应该还记得，在 17 世纪末，类似于最速降线和悬链线的问题是对当时数学家们的极限挑战，他们也应该为得到它们的解而感到自豪。而今，这些问题不过是高等微积分课程的课后练习罢了。[5]

需要指出的一点是，当时得出的悬链线方程并非以上面的形式展现出来的。当时的数字 e 还没有特定的符号，而指数函数本身也没被当作函数来看待，它只不过是对数函数的反函数。悬链线方程只是根据悬链的形成方式而得出的，例如，莱布尼茨自己所做的图就清晰地表明了这一点（如图 12-2 所示）。莱布尼茨甚至建议将悬链线做成某种对数计算装置，实现类似于对数表的功能。"这或许有所帮助，"他说，"因为有人可能会因长途跋涉而不小心弄丢他的对数表。"[6] 难道他是建议人们在口袋中带一条链子作为备用的对数表吗？

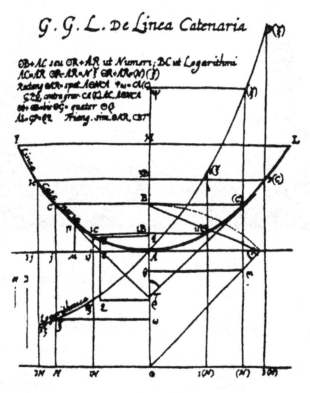

图 12-2　莱布尼茨的悬链线构造图（1690）

在我们所生活的年代，悬链线已经在世界最著名的标志性建筑物——密苏里州的圣路易斯大拱门（如图 12-3 所示）中永垂不朽了。这座由建筑师萨里恩所设计，竣工于 1965 年的拱门，就是一条精确的倒挂的悬链线，它的最高点比密西西比河的河岸高约 192 米。

图 12-3　密苏里州的圣路易斯大拱门。
又名"杰弗逊国土拓展纪念碑"，美国国家公园之一

当 $a=1$ 时，悬链线方程变为

$$y = \frac{e^x + e^{-x}}{2} \tag{1}$$

在同一直角坐标系中画出 e^x 和 e^{-x} 的图形，将每个 x 点对应的纵坐标相加后除以 2，就是上述等式对应的图形了。如图 12-4 所示，图的构造方式是关于 y 轴对称的。

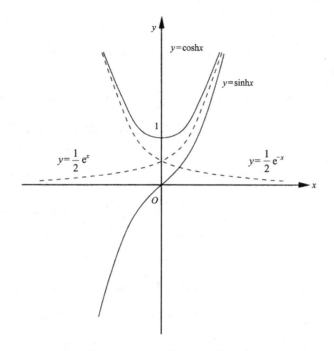

图 12-4　$\sinh x$ 和 $\cosh x$ 的图形

除式 (1) 之外，我们可能会考虑：

$$y = \frac{e^x - e^{-x}}{2} \qquad\qquad (2)$$

它所对应的曲线也在图 12-4 中表示出来了。巧合的是，当将式 (1) 和式 (2) 看成 x 的函数时，它们所对应的曲线表现出与三角函数 $\cos x$ 和 $\sin x$ 惊人的相似性。这种相似性是由意大利人杰休特·文森佐·黎卡提（1707—1775）发现的。1757 年，他引入标记符 $\mathrm{Ch}\,x$ 和 $\mathrm{Sh}\,x$ 分别来表示这两个函数：

$$\mathrm{Ch}\,x = \frac{e^x + e^{-x}}{2},\ \ \mathrm{Sh}\,x = \frac{e^x - e^{-x}}{2} \qquad\qquad (3)$$

他表示，这两个函数始终满足 $(\mathrm{Ch}\,\varphi)^2 - (\mathrm{Sh}\,\varphi)^2 = 1$（这里用字母 φ 代表独立变量），这一关系式除了其中的符号外，与三角函数恒等式 $(\cos\varphi)^2 + (\sin\varphi)^2 = 1$ 非常相似。同时，这也意味着 $\mathrm{Ch}\,\varphi$ 和 $\mathrm{Sh}\,\varphi$ 所对应的双曲函数 x^2-

$y^2=1$ 与三角函数中 $\cos\varphi$ 和 $\sin\varphi$ 对应的单位圆 $x^2+y^2=1$ 有着相似性。[7] 黎卡提的标记方法几乎毫无变动地保留了下来，现在我们分别用 $\cosh\varphi$ 以及 $\sinh\varphi$ 来表示这两种函数，即 "φ 的双曲余弦值" 和 "φ 的双曲正弦值"（前者有时就以它的拼写形式发音，"cosh" 如同 "posh"，但 "sinh" 的发音有点奇怪）。

黎卡提出生于另外一个声名显赫的数学世家，尽管并不如伯努利家族那样多产。他的父亲雅各布·黎卡提（1676—1754）曾经就读于帕多瓦大学，后来在意大利传播牛顿的成果 [微分方程 $dy/dx=py^2+qy+r$（其中 p、q 和 r 是 x 的给定函数）就是以雅各布·黎卡提之名命名的]。雅各布的另外两个儿子佐丹奴（1709—1790）和弗朗西斯科（1718—1791）也是非常成功的数学家，其中后者将几何原理应用到了建筑学中。文森佐·黎卡提被双曲线方程 $x^2-y^2=1$ 和圆函数 $x^2+y^2=1$ 之间的相似性深深吸引。他从双曲线的几何图形中发展出了他自己的一套双曲函数理论。现在，我们更倾向于使用基于 e^x 和 e^{-x} 函数特性的解析方法。例如，恒等式 $(\cosh\varphi)^2-(\sinh\varphi)^2=1$ 就可以通过式 (3) 很容易地得到证明：两个等式两边分别平方，然后相减，对表达式右侧运用 $e^x\times e^y=e^{x+y}$ 以及 $e^0=1$ 的关系进行化简，即可得到结果。

结果表明，常规三角学中的大部分公式都有某种双曲线形式。也就是说，如果我们将一个典型的三角恒等式中的 $\sin\varphi$ 和 $\cos\varphi$ 分别用 $\sinh\varphi$ 和 $\cosh\varphi$ 代替，并改变其中一项或几项的符号，所得到的等式依然为恒等式。例如，三角函数的微分公式为：

$$\frac{d}{dx}(\cos x)=-\sin x, \quad \frac{d}{dx}(\sin x)=\cos x \qquad (4)$$

相应的双曲函数的公式为：

$$\frac{d}{dx}(\cosh x)=\sinh x, \quad \frac{d}{dx}(\sinh x)=\cosh x \qquad (5)$$

[注意，式 (5) 中第一个公式右边的负号不见了。] 这些相似性使得双曲函

数在验证某些特定的积分（反导数）恒等式时非常有用，例如求解形如 $(a^2+x^2)^{1/2}$ 的积分（三角函数和双曲函数更多的相似性将随后介绍）。

人们可能会希望，每一个三角函数关系都对应着它的双曲函数关系。这样一来，三角函数和双曲函数就有了完全相同的基础，也就意味着给定一个双曲线的状态将会相应地得到圆的状态。不幸的是，事实并非如此。与双曲线不同的是，圆是闭合曲线：当我们围绕着它旋转时，总能够回到原点。相应地，圆函数都是周期性的，它们的值每 2π 弧度重复一次。正是这一特征使得圆函数成为周期函数研究（从声音的分析到电磁波的传播）的核心。双曲函数并不具备这一特性，因此它们在数学中的角色也就不是那么重要了。[8]

在数学中，单纯形式上的相似关系总有一些启发性的力量，并且驱动新方向的发展。在接下来的两章中，我们将会看到欧拉如何在指数函数中让变量 x 为虚数值，从而建立起一种基于崭新的基础原理的三角函数与双曲函数的关系。

惊人的相似性

单位圆即半径为 1、圆心位于原点的圆，它所对应的直角坐标方程为 $x^2+y^2=1$（如图 12-5 所示）。假设 $P(x,y)$ 是圆上的一点，线段 OP 与 x 轴正向所形成的夹角为 φ（沿弧逆时针旋转所得）。三角函数"sin"和"cos"是以点 P 的坐标 x 和 y 定义的：

$$x = \cos\varphi, \ y = \sin\varphi$$

这里的角 φ 还可以解释为扇形 POR 面积的两倍（如图 12-5 所示），这是因为扇形的面积可由公式 $A=r^2\varphi/2=\varphi/2$ 求得，其中 $r=1$ 是圆的半径。

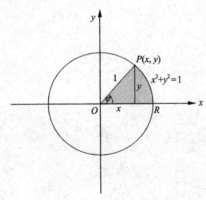

图 12-5　单位圆 $x^2+y^2=1$

双曲函数的定义基本类似，只不过是基于直角双曲线 $x^2-y^2=1$（如图 12-6 所示）而得到的。这一双曲线的图形可通过逆时针旋转双曲线 $2xy=1$ 的直角坐标系 45° 而得，它的一对渐近线为 $y=\pm x$。假设 $P(x,y)$ 是双曲线上的一点。我们定义：

$$x = \cosh\varphi, \; y = \sinh\varphi$$

其中 $\cosh\varphi=(e^{\varphi}+e^{-\varphi})/2$，而 $\sinh\varphi=(e^{\varphi}-e^{-\varphi})/2$（见前面的内容）。这里的 φ 不是线段 OP 与 x 轴正向所形成的夹角，它只是一个参数（可变）。

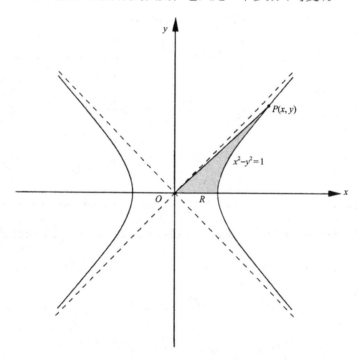

图 12-6　直角双曲线 $x^2-y^2=1$

下面一一列出圆函数和双曲函数之间的几个相似的性质（我们用 x 作为独立变量）。

勾股关系

$$\cos^2 x + \sin^2 x = 1 \qquad \cosh^2 x - \sinh^2 x = 1$$

[这里的 $\cos^2 x$ 是 $(\cos x)^2$ 的简写，其他依此类推。]

对称性（奇偶关系）

$$\cos(-x) = \cos x \qquad \cosh(-x) = \cosh x$$

$$\sin(-x) = -\sin x \qquad \sinh(-x) = -\sinh x$$

$x = 0$ 时的值

$$\cos 0 = 1 \qquad \cosh 0 = 1$$

$$\sin 0 = 0 \qquad \sinh 0 = 0$$

$x = \pi/2$ 时的值

$$\cos(\pi/2) = 0 \qquad \cosh(\pi/2) \approx 2.509$$

$$\sin(\pi/2) = 1 \qquad \sinh(\pi/2) \approx 2.301$$

（这两个值并没有什么特殊含义。）

加法公式

$$\cos(x+y) = \cos x \cos y - \sin x \sin y \qquad \cosh(x+y) = \cosh x \cosh y + \sinh x \sinh y$$

$$\sin(x+y) = \sin x \cos y + \cos x \sin y \qquad \sinh(x+y) = \sinh x \cosh y + \cosh x \sinh y$$

微分公式

$$\frac{\mathrm{d}}{\mathrm{d}x}(\cos x) = -\sin x \qquad \frac{\mathrm{d}}{\mathrm{d}x}(\cosh x) = \sinh x$$

$$\frac{\mathrm{d}}{\mathrm{d}x}(\sin x) = \cos x \qquad \frac{\mathrm{d}}{\mathrm{d}x}(\sinh x) = \cosh x$$

积分公式

$$\int \frac{\mathrm{d}x}{\sqrt{1-x^2}} = \sin^{-1} x + c \qquad \int \frac{\mathrm{d}x}{\sqrt{1+x^2}} = \sinh^{-1} x + c$$

（这里的 $\sin^{-1}x$ 与 $\sinh^{-1}x$ 分别是 $\sin x$ 和 $\sinh x$ 的反函数。）

周期性

$$\cos(x+2\pi)=\cos x$$
$$\sin(x+2\pi)=\sin x$$

（双曲函数没有实数周期。）

函数 $\tan x$（$=\sin x/\cos x$）和 $\tanh x(=\sinh x/\cosh x)$，以及余下的 3 个三角函数 $\sec x(=1/\cos x)$、$\csc x(=1/\sin x)$、$\cot x(=1/\tan x)$，和它们所对应的双曲函数之间还有其他一些相似性。

三角函数的周期性使它们在数学以及其他科学中的地位异常重要。双曲函数并不具备这种性质，因此它们也就起不到那么重要的作用，不过他们在描述某些函数之间的关系时依然非常有效，尤其是有些不定积分（反导数）。

有意思的是，尽管双曲函数中的 φ 并不是一个角，但它依然可以解释为双曲扇形 POR 面积的两倍（如图 12-6 所示），这与图 12-5 中将角 φ 解释为扇形 POR 面积的两倍是完全相似的。文森佐·黎卡提在 1750 年左右首先发现这一现象的证据附于附录 7 中。

与 e 相关的有趣公式

$$e = 1 + \frac{1}{1!} + \frac{1}{2!} + \frac{1}{3!} + \frac{1}{4!} + \cdots$$

这一无限序列是 1665 年由牛顿发现的，它可由 $(1+1/n)^n$ 的二项展开式在 $n \to \infty$ 时获得。它收敛得非常快，这主要是由序列中项的分母增长剧烈所引起的。例如，前 11 项（到 1/10! 为止）的和是 2.718 281 801，而 e 近似到小数点后 9 位是 2.718 281 828。

$$e^{\pi i} + 1 = 0$$

这就是欧拉公式——数学中最著名的公式之一。它将数学的 5 个基本常数联系在一起：0, 1, e, π 以及 $i = \sqrt{-1}$。

$$e = 2 + \cfrac{1}{1 + \cfrac{1}{2 + \cfrac{2}{3 + \cfrac{3}{4 + \cfrac{4}{5 + \cdots}}}}}$$

这一无限连分数，以及其他一些涉及 e 和 π 的表达式是由欧拉在 1737 年发现的。他证明了任何一个有理数都可以写成一个有限的连分数，任何一个有限的连分数也可以写成有理数。因此，一个无限的连分数总是表示一个无理数。另一个涉及 e 的欧拉无限连分数是：

$$\frac{e+1}{e-1} = 2 + \cfrac{1}{6+\cfrac{1}{10+\cfrac{1}{14+\cdots}}}$$

$$2 = \frac{e^1}{e^{1/2}} \times \frac{e^{1/3}}{e^{1/4}} \times \frac{e^{1/5}}{e^{1/6}} \times \cdots$$

这一**无穷乘积**可从序列 $\ln 2 = 1 - 1/2 + 1/3 - 1/4 + \cdots$ 获得。它让我们想起了瓦利斯乘积 $\pi/2 = (2/1) \times (2/3) \times (4/3) \times (4/5) \times (6/5) \times (6/7) \times \cdots$，只是 e 出现在右边的乘积中。

———————— · —————— · —————— · ————————

应用数学中有很多涉及 e 的公式，下面就是一个例子：

$$\int_0^\infty e^{-x^2/2}\mathrm{d}x = \sqrt{\frac{\pi}{2}}$$

这一定积分出现在概率论中。$e^{-x^2/2}$ 的**不定积分**（反导数）无法用初等函数（多项式及多项式的比、三角函数、指数函数，以及它们的反函数）表示。也就是说，不存在一个由有限个初等函数组成且导数是 $e^{-x^2/2}$ 的函数。

另一个无法用初等函数表示的不定积分是 e^{-x}/x，它看起来很简单。实际上，当 x 从某定值增长到无穷大时，计算它的积分可以得到一个新的函数，也就是所谓的**指数积分**，用 Ei(x) 表示：

$$\mathrm{Ei}(x) = \int_x^\infty \frac{e^{-t}}{t}\mathrm{d}t$$

这里的积分变量用 t 表示，避免与积分下限 x 混淆。尽管这一特殊函数无法用初等函数表示，但还是应当把它看作已知函数，因为对于任何一个给定的

正数 x，函数的值都已经被计算出来并绘成表格（这是因为我们可以将积分项 e^{-x}/x 写成幂级数的形式，然后对它们逐项积分）。

对一给定的函数 $f(t)$ 而言，定积分 $\int_0^\infty e^{-st} f(t) \mathrm{d}t$ 的值依然与参数 s 有关，因此定义它为关于变量 s 的函数 $F(s)$，这就是所谓的关于函数 $f(t)$ 的拉普拉斯变换：

$$\mathcal{L}[f(t)] = \int_0^\infty e^{-st} f(t) \mathrm{d}t$$

由于拉普拉斯变换具有很多非常便利的特性（这都归功于 e^{-st} 所具有的性质），它已经在实际应用中被广泛使用，特别是在线性微分方程的求解中（参考任何一本正规的微分方程教科书即可）。

e^{ix}："最著名的公式"

"欧拉从棣莫弗公式中推导出一个著名公式 $e^{i\pi}+1=0$，它恐怕是所有公式中最为简练和著名的。无论对于玄幻主义者、科学家、哲学家还是数学家而言，都是如此。"

——卡斯纳和纽曼，《数学与想象》

(*Mathematics and the Imagination* ,1940)

如果我们将伯努利家族比作巴赫世家，那么莱昂哈德·欧拉（1707—1783）就是数学中的莫扎特。他一生著作颇丰，即使不包括未发表的内容，估计至少也可整理出 70 卷书来。数学中的领域几乎没有欧拉未接触过的，他在分析论、数论、力学和流体力学、制图学、拓扑学以及月球运动理论等多个领域都有建树。恐怕除了牛顿之外，他的名字是从古至今所有数学家中出现次数最多的一位。我们现在所使用的大量数学符号都应归功于欧拉，比如 i、π、e 以及 $f(x)$。此外，欧拉还是一个伟大的科普专家，他留下了大量关于科学、哲学、宗教以及公共事务等方面的文字。

1707 年莱昂哈德·欧拉生于巴塞尔的一个牧师家庭。他的父亲保罗曾希望儿子接替他的工作，不过他曾师从雅各布·伯努利学习数学并对数学非常精通，因此当他意识到儿子具备非凡的数学天分时，他改变了自己当初的想法。伯努利一家与此也并非毫无瓜葛。雅各布的弟弟约翰曾私下里教授年轻的欧拉学习数学，并最终说服了保罗让他的儿子自由地追求自己的兴趣。1720 年，欧拉进入巴塞尔大学学习，并于两年后毕业。从这时起到他 76 岁逝世，他强大的数学创造力是任何人都无法想象的。

　　他曾因公在国外待过一段时间。1727 年，他接受了加入圣彼得堡科学院的邀请。这一次又与伯努利家族有关。在听约翰授课的过程中，欧拉与约翰的两个儿子丹尼尔与尼古拉斯成了好朋友。年轻的伯努利兄弟已经在几年前加入了圣彼得堡科学院（不幸的是，尼古拉斯溺死在那里，过早地结束了另一个伯努利的前途），于是他们说服了院方向欧拉发出邀请。不过就在欧拉抵达圣彼得堡准备就职的当天，女皇叶卡特琳娜一世去世，这也让俄国陷入了一个压抑且动荡的局面。按照政府的预算，科学院被认为是一个完全没有存在意义的机构，因此它的资金很快就被切断了。于是，欧拉在那里成了一位哲学家的助手。直到 1733 年，他才因丹尼尔·伯努利回巴塞尔所留下的空位而得到了一个正式的数学教职工作。同一年，他与凯瑟琳·格塞尔成婚，二人共育有 13 个孩子，不过仅有 5 个存活下来。

　　欧拉在俄国待了 14 年之久。1741 年，他接受腓特烈大帝的邀请加入了柏林科学院，腓特烈大帝这么做是为了赢得普鲁士在艺术和科学领域的主导地位。欧拉在那里待了 25 年，不过他与腓特烈的关系并不太好。一个喜欢炫耀的帝王和一个沉默寡言的欧拉，二者在学院政策事务上的分歧就像他们的性格一样鲜明。在这一时期，欧拉撰写了非常受欢迎的作品《致德国公主关于物理和哲学多样问题的信》（*Letters to a German Princess on Diverse Subjects in Physics and Philosophy*，在 1768 年至 1772 年间分 3 卷出版）。该作品后来有多种版本，并被翻译为其他语言。在他所有的科学著作中，无论是技术性的还是说明性的，欧拉总是使用简洁明了的语言将他所要表达的内容浅显易懂地陈述出来。

1766 年，近 60 岁的欧拉接受了俄国新的统治者叶卡特琳娜二世的邀请，再次回到了圣彼得堡（他在柏林的位置由拉格朗日接替）。尽管女皇竭尽所能地赐予欧拉各种东西，这个时期的欧拉还是被各种悲剧所围绕。欧拉第一次在俄国驻留的时候，他的右眼就失明了（有人说是因为劳累过度所致，而有人则认为是他在没有任何保护措施的情况下观察太阳被灼伤的）。1771 年，也就是他第二次来到俄国的时候，他的另一只眼睛也失明了。同一年，他的房子被烧毁，同时化为灰烬的还有他的许多手稿。5 年后，他的妻子去世。不过欧拉并没有被击倒，在 70 岁高龄的时候，他再次结婚。尽管他的双眼已经完全失明，他还是像往常那样坚持工作，并将他的各种结果口述给他的孩子以及学生们。这一切都有赖于他那非凡的记忆力。据说，他可以进行 50 位数字的心算，而且不用纸就可以记下一长串的数学证明过程。他集中注意力的能力异常强大，经常怀抱小孩计算他的数学难题。1783 年的 10 月 18 日，他还在计算新发现的天王星的运行轨迹。在这个晚上，他在陪孙子一起玩耍时突然中风，并骤然仙去。

要在如此简短的回顾中对欧拉的累累硕果进行评价几乎是不可能的，但从一个简单的事实可以得到最好的概括：他创立了数学范围内两个完全对立的分支学科：一个是数论，数学的所有分支学科中最“纯”的一门；另外一个是分析力学，经典力学中最实用的一门。前一领域（费马曾做出伟大的贡献）在欧拉的时代被认为是一种数学娱乐，是欧拉让它成为数学研究中一个最重要的领域。在力学中，他将牛顿的三大运动定律重新表示为微分方程组，从而使动力学成为数学分析中的一部分。他还推导出流体力学的基本法则，流体运动所遵循的基本方程（即欧拉方程）是数学物理分支的基础。欧拉还被认为是拓扑学（后来又被称为“位置的分析”，它是一门研究形状连续性的数学分支）的创建者，他发现了著名的公式 $V-E+F=2$，阐述了任何一个多面体（没有洞的立体结构）的顶点数 V、边数 E 以及面数 F 之间的关系。

欧拉的众多作品中最具影响力的是《无穷小分析引论》（*Introduction in Analysin Infinitorum*），这是 1748 年出版的两卷本著作，它也被认为是现代数学分析的基础。在这本书中，欧拉总结了他在无限序列、无穷乘积以及连分数等领域的发现，其中就包括无穷级数和的表达式 $1/1^k + 1/2^k + 1/3^k + \cdots$ 在 k 从 2 到 26 时的值（在 $k=2$ 时，序列收敛于 $\pi^2/6$，这一结果是在 1736 年欧拉解一个当年伯努利兄弟未解开的难题时发现的）。在《无穷小分析引论》中，欧拉将函数作为分析的中心内容。当年他定义的函数就是现在我们在应用数学和物理学中常常遇见的那个函数（在纯数学中，它已经由"映射"的概念所代替）："关于某变量的函数，就是任何由变量、数字或常量所构成的解析表达式。"当然，函数的概念并非起源于欧拉，约翰·伯努利所定义的形式与欧拉的非常接近。但是欧拉将现代标记符 $f(x)$ 用于表示函数，并将它推广到各种函数——包括显函数和隐函数（在显函数中，独立变量位于等式的一边，例如 $y=x^2$；而在隐函数中，所有的变量都是一起出现的，如 $2x+3y=4$）、连续函数与不连续函数（他所指的不连续函数实际上是导数不连续的函数，即曲线切线而非曲线本身突然中断），以及包含多个独立变量的函数 [如 $u=f(x, y)$ 和 $u=f(x, y, z)$]。而且他还随意使用函数的无穷级数和乘积展开式，这种无所顾忌的态度在今天是难以容忍的。

《无穷小分析引论》还第一次将人们的注意力引向了分析中的核心角色——数 e 以及函数 $y=e^x$。前面我们曾提到过，在欧拉的时代之前，指数函数只被当作对数函数的反函数，欧拉将这两个函数放在了同一基础之上，并给出了它们各自的定义：

$$e^x = \lim_{n \to \infty}(1 + x/n)^n \tag{1}$$

$$\ln x = \lim_{n \to \infty}[n(x^{1/n} - 1)] \tag{2}$$

这两个表达式是互逆关系的一个线索就是：如果解出表达式 $y = (1+x/n)^n$ 中的 x，我们就可以得到 $x=n(y^{1/n}-1)$。除了将变量 x 和 y 互换外，更为艰巨的任务就是要证明这两个表达式的极限值在 $n \to \infty$ 时依然互为反函数。这需要仔细讨论求极限的过程，不过在欧拉的时代，人们已经普遍接受了无须考虑无穷运算过程的观点。所以，他用字母 i 来表示无穷的量，然后将式 (1)的右侧写成 $(1+x/i)^i$，现在任何一个学习过极限的学生都不会惧怕这一形式。

欧拉曾在他早期的文章中用字母 e 指代数字 2.718 281 8…，那是一篇题为《关于最近加农炮射击实验的思考》的手稿，写成于 1727 年，当时他只有 20 岁。这篇文章当时并未发表，直到欧拉去世 80 年后，也就是 1863 年才得以公开。[1] 在 1731 年的一封信中，字母 e 再次出现，表示与某个微分方程之间的关系，欧拉定义它为“对数值为 1 的数”。最早出现 e 的公开作品是欧拉的《力学》（*Mechanica*，1736）一书，在这本书中他建立了分析力学的基础。为何他会选择字母 e 呢？到目前为止还没有统一的结论。根据一种观点，欧拉选择这个字母的原因是单词 exponential（指数）的首字母为 e。不过更具说服力的是，他选择字母 e 只不过是因为 e 是字母表中按顺序第一个还没有被使用的字母，而 a, b, c 和 d 在力学中都有明确的定义。最不可信的说法就是，e 来自欧拉名字的首字母，而这也是被提得最少的说法。据说，欧拉是一位非常谦逊的人，并且经常推迟他自己成果的发表时间以帮助他的同僚或学生的工作得到应有的认可。不管是何原因，和他所选择的其他字符一样，字符 e 已被人们广泛接受了。

欧拉用他的对数函数定义 [即式 (1)] 获得了一个无穷幂级数。第 4 章中介绍过，在 $x=1$ 时，由式 (1) 得出的数列为：

$$\lim_{n \to \infty}\left(1+\frac{1}{n}\right)^n = 1 + \frac{1}{1!} + \frac{1}{2!} + \frac{1}{3!} + \cdots \tag{3}$$

如果按照式 (3) 的推导过程（见第 4 章），将其中的 $1/n$ 用 x/n 代替，经过一个细微的变形，就可以得到无穷序列：

$$\lim_{n \to \infty}\left(1+\frac{x}{n}\right)^n = 1 + \frac{x}{1!} + \frac{x^2}{2!} + \frac{x^3}{3!} + \cdots \tag{4}$$

这就是关于 e^x 的一个常见幂级数。可以看出，这一序列对所有的实数 x 都是收敛的。事实上，是急剧增大的分母导致了整个序列的快速收敛。e^x 的许多数值通常都是从这一序列计算出来的，开始几项基本就可以满足所需的求解精度了。

在《无穷小分析引论》中，欧拉还处理了另外一种无穷的情况：连分数。以分数 13/8 为例，可以写成 $1+5/8=1+1/(8/5)=1+1/(1+3/5)$ 的形式，即：

$$\frac{13}{8}=1+\cfrac{1}{1+\cfrac{3}{5}}$$

欧拉证明了每个有理数都可以写成一个有限连分数的形式，而无理数则由无限连分数表示，即分数链永无止境。以无理数 $\sqrt{2}$ 为例，我们有：

$$\sqrt{2}=1+\cfrac{1}{2+\cfrac{1}{2+\cfrac{1}{2+\cdots}}}$$

欧拉还展示了如何将一个无穷级数写成无限连分数的形式（或反之）。以式 (3) 作为出发点，他推导出了很多有趣的关于 e 的连分数，其中两个便是：

$$e=2+\cfrac{1}{1+\cfrac{1}{2+\cfrac{2}{3+\cfrac{3}{4+\cfrac{4}{5+\cdots}}}}}$$

$$\sqrt{e}=1+\cfrac{1}{1+\cfrac{1}{1+\cfrac{1}{1+\cfrac{1}{5+\cfrac{1}{1+\cfrac{1}{1+\cfrac{1}{9+\cfrac{1}{1+\cfrac{1}{1+\cdots}}}}}}}}}$$

（第一个公式的规律非常明显，如果我们将开始的 2 放在等式左边，余下的部分就是 e 的小数部分 0.718 281 8…的连分数表达式。）与十进制中小数点后那些看似随机分布的数字相比，无理数的这些表达式的规整性令人非常震惊。

欧拉是一位伟大的实验数学家。他玩公式就像小孩子玩玩具一样，可以进行各种各样的替代，直到得到他感兴趣的东西，而结果也经常是非常奇妙的。他将 e^x 的无穷级数，即式 (4) 中的实数变量 x 大胆地用虚数表达式 ix 代替，其中 $i = \sqrt{-1}$。这是数学中最出格、最大胆的行为，因为在我们所有关于函数 e^x 的定义中，变量 x 表示的总是一个实数。将它用虚数代替，只不过是玩一些没有意义的符号游戏，不过欧拉对他的公式有足够的信心，让无意义的事变得意义非凡。通过将式 (4) 中的 x 换作 ix，我们有：

$$e^{ix} = 1 + ix + \frac{(ix)^2}{2!} + \frac{(ix)^3}{3!} + \cdots \tag{5}$$

表示 -1 的平方根的 i 具有如下性质：它的整数次乘方的值以 4 为周期进行循环，即 $i = \sqrt{-1}$，$i^2 = -1$，$i^3 = -i$，$i^4 = 1$，等等。因此我们可以将式 (5) 写成：

$$e^{ix} = 1 + ix - \frac{x^2}{2!} - \frac{ix^3}{3!} + \frac{x^4}{4!} + \cdots \tag{6}$$

接着，欧拉犯下了第二大"罪"：他改变了式 (6) 中项的次序，将所有的实数项从虚数项中分离出来。对于有限个数的和，不管怎么改变项的次序，都不会影响最终结果；但对一个无限序列这么做，可能会影响最终的结果，甚至使序列从收敛变成发散。[2] 但在欧拉的时代人们还未完全认识到这一点。他生活在一个受牛顿的流数法以及莱布尼茨的微分法影响的时代，可以对无限运算随心所欲地进行试验。因此，通过改变式 (6) 中项的排列，他得到了序列：

$$e^{ix} = \left(1 - \frac{x^2}{2!} + \frac{x^4}{4!} - \cdots\right) + i\left(x - \frac{x^3}{3!} + \frac{x^5}{5!} - \cdots\right) \tag{7}$$

那时，人们已经知道括号中的两个无穷级数分别为三角函数 $\cos x$ 和 $\sin x$ 的无穷乘方展开式。因此，欧拉得到了著名的公式：

$$e^{ix} = \cos x + i\sin x \tag{8}$$

它立即将指数函数（尽管是一个虚变量的函数）与常规的三角函数联系起来。[3] 将 ix 用 $-ix$ 代替，欧拉得到了另外一个公式：

$$e^{-ix} = \cos x - i\sin x \tag{9}$$

最终，将式 (8) 和式 (9) 分别相加和相减，他就得出了用指数函数 e^{ix} 和 e^{-ix} 表示的 $\cos x$ 和 $\sin x$：

$$\cos x = \frac{e^{ix} + e^{-ix}}{2}, \ \sin x = \frac{e^{ix} - e^{-ix}}{2i} \tag{10}$$

这些关系就是所谓的三角函数欧拉公式（有太多的公式都以他的名字命名，因此只说"欧拉公式"是不够的）。

尽管欧拉用一种不够严谨的方式推导出了他的很多结果，但这里所提的每一条公式都是经得起推敲的——实际上，它们的正确推导也只不过是高等微积分课程中的课后练习罢了。[4] 和半个世纪前的牛顿与莱布尼茨一样，欧拉也是位引路人，"善后"工作——对这 3 位伟人的发现进行准确严谨的证明——留给了后一代的数学家们，其中包括著名的达朗贝尔（1717—1783）、约瑟夫·路易斯·拉格朗日（1736—1813）和奥古斯丁·路易斯·柯西（1789—1857），他们所做的贡献一直影响到 20 世纪。[5]

对指数函数和三角函数之间重要关系的发现，使其他一些意想不到的发现变得理所当然。将 $x=\pi$ 代入式 (8)，并利用 $\cos\pi = -1$ 以及 $\sin\pi = 0$，欧拉得到了公式：

$$e^{\pi i} = -1 \tag{11}$$

如果用"意义非凡"来形容式 (8) 和式 (9) 的话，那么必须找出一个更

适合形容式 (11) 的词。毋庸置疑，它肯定是所有公式中最漂亮的公式之一。实际上，若将它写成 $e^{\pi i}+1=0$ 的形式，我们就得到一个集数学中最重要的 5 个常数于一身的公式（此外还包括 3 种最重要的数学运算——加法、乘法以及指数运算），这 5 个常数成为经典数学中 4 个主要分支（0 和 1 所代表的算术、i 所代表的代数学、π 所代表的几何学，以及 e 所代表的分析数学）的象征。也难怪很多人从欧拉公式中发现了各种神奇的含义。爱德华·卡斯纳和詹姆斯·纽曼将一个小插曲记载在他们的《数学与想象》中。

对本杰明·皮尔斯这位 19 世纪顶级的哈佛数学家而言，欧拉公式 $e^{\pi i}=-1$ 像是某种启示。在某天发现了这点后，他对他的学生们说：“先生们，它绝对是正确的，也绝对是诡异的，我们无法理解它，也无从知晓它的含义。但我们已经证明了它，因此我们知道它一定是正确的。”[6]

e 在历史中有趣的一幕

本杰明·皮尔斯（1809—1880）在 24 岁时成为哈佛大学的一名数学教授。[7] 受欧拉公式 $e^{\pi i}=-1$ 的启发，他推导出了 π 和 e 的新符号并推断：由于种种原因，现在所使用的用于表示纳皮尔底数以及圆周率的符号非常不便，而且这两个量之间的密切关系应当直接体现在他们的符号上。他建议使用下面这两个他以前在文章中成功使用过的字符：

Ⴖ——用于表示圆周率；

ᘉ——用于表示纳皮尔底数。

可以看出，前者是字母 c（circumference，圆周）的变体，而后者是字母 b（base，底数）。这两者之间的关系可用如下等式表示：

$$\text{Ⴖ}^{\text{ᘉ}}=(-1)^{-\sqrt{-1}}$$

皮尔斯将他的建议发表在 1859 年的《数学月刊》的二月卷中，并在他的著作《分析力学》（*Analytic Mechanics*, 1855）中使用。他的两个儿子查尔斯·肖登斯·皮尔斯以及詹姆斯·米尔斯·皮尔斯也都是数学家，并沿用了父亲的这种标记方法，詹姆斯·米尔斯还因为他的 *Three and Four Place Tables*（1871）一书以及方程$\sqrt{e^{\pi}} = \sqrt[i]{i}$（如图 13-1 所示）而受到奖励。[8]

　　毫不奇怪，皮尔斯的建议并不受大家待见。且不谈印刷这两个字符的难度，要将他的 ⋒ 和 ⋒ 区分开还需要一定的技巧。据说，他的学生更倾向于使用传统的 π 和 e。[9]

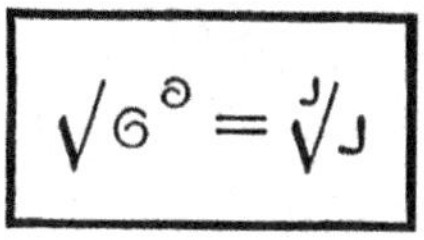

图 13-1　本杰明·皮尔斯的 π、e 和 i 的标记符出现在詹姆斯·米尔斯·皮尔斯的 *Three and Four Place Tables* 一书中。这一公式是欧拉公式 e$^{\pi i}$=−1 的变体。

e^{x+iy}：化虚数为实数

"迄今为止，这个引发许多纠缠不清的问题的主题（虚数），在很大程度上可以认为是不恰当的记法系统导致的。比如，如果把 +1、−1 和 $\sqrt{-1}$ 称为正、逆和侧的单位，而不是正、负以及虚（甚至不可能）的单位，就不会有这样的麻烦了。"

——卡尔·弗里德里希·高斯（1777—1855）[1]

将类似于 e^{ix} 这样的表达式引入数学的同时也带来了一定的问题：这个表达式的准确含义是什么？既然指数为虚数，我们就不能像计算 $e^{3.52}$（举个例子）那般计算 e^{ix} 的值，除非我们特别声明一下"计算"虚数的定义。这把我们带回了 $\sqrt{-1}$ 第一次出现在数学中的 16 世纪。

"虚数"概念自从提出以来，就充满了神秘感，并且每个初次遇到这些数的人都会对它们奇怪的性质充满好奇。不过"奇怪"是相对的，有了充分的了解后，昔日奇怪的主题会成为今日再常见不过的事物。从数学的角度看，相比于负数（举例而言），虚数早就不再那么令人感到奇怪了；运用它们"奇怪"的

相加法则 $a/b+c/d=(ad+bc)/bd$，虚数无疑比常见的分数要更易处理。事实上，在所有出现在欧拉公式 $e^{\pi i}+1=0$ 中的 5 个数中，$i=\sqrt{-1}$ 恐怕是最不好玩的一个。将它以及它的扩展——复数纳入我们的数字体系，这在数学领域中非常重要。

正如负数的提出是为了求 a 为正数时线性方程 $x+a=0$ 的解一样，虚数的提出是为了求 a 为正数时二次方程 $x^2+a=0$ 的解。特别地，虚数单位 $\sqrt{-1}$ 被定义为方程 $x^2+1=0$ 的一个解（另一个为 $-\sqrt{-1}$），就像负数单位 -1 被定义为方程 $x+1=0$ 的解。要解方程 $x^2+1=0$，就意味着要找一个平方值等于 -1 的数；显然没有任何一个实数可以满足要求，因为实数的平方值总为非负数。因此，**在实数范围内**，方程 $x^2+1=0$ 是无解的，就像在正数范围内方程 $x+1=0$ 无解一样。

2000 多年来，数学家们已经可以做到完全不为这些限制所困扰了。古希腊人并没有认识到负数（有一个例外，从公元 275 年丢番图的《算术》中可知），因此没用上它们。他们的主要兴趣是几何，以及诸如长度、面积、体积的量，而这些用正数就足以应付了。印度数学家婆罗摩笈多（约公元 628 年）使用过负数，只不过中世纪的欧洲几乎完全忽略了它们，认为它们是"虚构的""荒谬的"。确实，如果将减法看成是"拿走"的动作，负数就是荒谬的。例如，人们不能从 3 个苹果中取走 5 个。然而，负数因其他形式而成为数学中的焦点，它主要作为二次方程或三次方程的根存在，不过还是会涉及实际问题（莱昂纳多·斐波那契在 1225 年将一个金融问题中所涉及的负根解释为损失而非收益）。甚至在文艺复兴时期，还有数学家对它们感到不自在。使负数最终被接受的关键一步是由拉斐尔·邦贝利（约 1530 年出生）完成的，拉斐尔将数解释为线段的长度，而 4 种基本运算则表示沿线段的运动，从而给出了实数的几何解释。但只有当人们意识到减法可以解释为**加法的逆运算**时，才有可能完全将负数融入到我们的数字体系中。[2]

虚数也有类似的演化过程。在 $a>0$ 时，无法求解方程 $x^2+a=0$ 的问题持续了好几个世纪，不过尝试解决这一难题的人迟迟没有出现。最早的一次尝试发生在 1545 年，当时意大利人吉罗拉姆·卡尔达诺（1501—1576）尝试得到和为 10、积为 40 的两个数。这一问题就归结当求方程 $x^2-10x+40=0$ 的解时，可用二次方程求根公式很轻易地获得——$5+\sqrt{-15}$ 以及 $5-\sqrt{-15}$。起先，卡尔达诺并不知道如何处理这些"解"，因为他无法得到它们的值。但他很快被这一事实激起了兴趣：如果只是将这些虚数解看作一种形式，且它们符合一般算术的运算规律，那么这两个解确实满足问题的条件——$(5+\sqrt{-15})+(5-\sqrt{-15})=10$，以及 $(5+\sqrt{-15})\times(5-\sqrt{-15})=25-5\sqrt{-15}+5\sqrt{-15}-(\sqrt{-15})^2=25-(-15)=40$。

随着时间的推移，那些曾以 $x+(\sqrt{-1})y$ 形式表示的量，现在被称为"复数"，并用 $x+iy$ 的形式表示（其中 x 和 y 都是实数，$i=\sqrt{-1}$），它在数学中的作用越来越大。例如，一个普通的三次方程的求解过程就需要用到这些数，即使最终的结果是实数。然而，直到 19 世纪初，数学家们才坦然接受复数是真实的数。

两方面的发展在很大程度上推进了复数被接受的进程。首先，在 1800 年左右，量 $x+iy$ 得到了简单的几何解释。在直角坐标系中的一点 P，其所对应的坐标值分别为 x 和 y。如果我们将 x 轴和 y 轴分别解释为"实"轴和"虚"轴，那么复数 $x+iy$ 就可用点 $P(x,y)$ 表示，也可用矢量线段 OP 表示（如图 14-1 所示）。这样，我们就可以按照加减矢量的方法对复数进行加减运算。当然，只需要对复数的虚部和实部分别加减即可，例如，$(1+3i)+(2-5i)=3-2i$（如图 14-2 所示）。差不多在同一时期，有 3 位不同国籍的科学家分别提出了这一图形表示方法：1797 年，挪威测量师卡斯帕尔·韦塞尔（1745—1818）；1806 年，法国人让·罗伯特·阿拉贡（1768—1822）；1831 年，德国人卡尔·弗里德里希·高斯（1777—1855）。

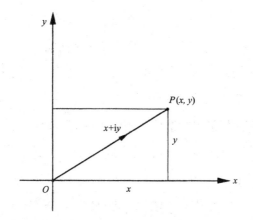

图 14-1 复数 $x+iy$ 可以用一条线段或矢量 OP 表示

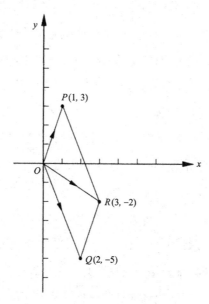

图 14-2 要将两个复数相加，只要将它们对应的矢量相加：$(1+3i)+(2-5i)=3-2i$

第二个发展归功于爱尔兰数学家威廉·罗文·汉密尔顿爵士（1805—1865）。1835 年，他将复数看成遵循一定运算规则的有序实数对，从而为复数给出了纯形式的定义。"复数"被定义为有序的数对 (a, b)，其中 a 和 b 都是实数。两个数对 (a, b) 和 (c, d) 当且仅当 $a=c$ 且 $b=d$ 时才会相等。将数对 (a, b) 乘以实数 k（标量）将会得到 (ka, kb)。数对 (a, b) 和 (c, d) 的和是数对 $(a+c,$

$b+d$），乘积是数对 $(ac-bd, ad+bc)$。乘法的定义看似很奇怪，但如果让数对 $(0,1)$ 自乘，其含义就比较清晰了：根据给定的乘法法则，我们有 $(0,1)\times(0,1)=(0\times0-1\times1, 0\times1+1\times0)=(-1,0)$。如果将数对中第二部分为 0 的数对直接用第一部分的字母表示，并把它看作实数，也就是认为 $(a,0)$ 与实数 a 等价，那么我们就可以把最终的结果写为 $(0,1)\times(0,1)=-1$。将数对 $(0,1)$ 用字母 i 表示，我们可以得到 $i\times i=-1$，简写成 $i^2=-1$。而且，我们现在可以将任何数对 (a,b) 写成 $(a,0)+(0,b)=a(1,0)+b(0,1)=a\times1+b\times i=a+ib$，这是常见的复数。这样，我们就揭开了复数的神秘面纱。实际上，复数的唯一标志就是"虚部"的符号 i 了。汉密尔顿的严格推导标志着公理代数的开始：从一些简单的定义（"公理"）以及由这些定义导出的逻辑结果（"定理"）出发，一步一步地推导出结论。当然，公理法在数学上并不是新鲜事物，自从古希腊人建立了几何学这一严谨的演绎学科以来，公理法就被大量使用，并在欧几里得的《几何原本》（约公元前 300 年）一书中成为永恒的经典。19 世纪中叶，代数学正在效仿几何学。

克服心理障碍接受复数之后，通向新发现的智慧之路也就打通了。1799 年，22 岁的高斯在他的博士论文答辩中对大家已经司空见惯的一个现象第一次给出了缜密的证明：一个 n 次的多项式方程（见第 10 章）至少包含一个复数根（实际上，如果我们将重复的根看成独立的根，那么一个 n 次多项式方程实际上有 n 个复数根）。[3] 例如，多项式 x^3-1 有 3 个根，也就是方程 $x^3-1=0$ 的解为：1、$(-1+i\sqrt{3})/2$ 以及 $(-1-i\sqrt{3})/2$，它们的正确性可以通过代回原方程进行验证。高斯定理被认为是代数基本定理，它表明复数不仅仅是一般多项式方程的必要解，也是**充分解**。[4]

将复数纳入代数范畴的同时也给分析学带来了冲击。微积分的伟大战果使之更可能被推广到复变量函数范围。从形式上讲，我们可以将欧拉对函数的定义（见第 13 章）直接拓展到复变量的领域，而无须改变什么，我们只是允许常数和变量为复数。但从几何学的角度看，这样的一种函数无法在二维直角坐标系中画出它们对应的图形，因为现在**每个变量都需要对应一个二**

维坐标系，即一个平面。要从几何角度来解释这样一个函数，我们必须将它看成一个平面到另外一个平面的**映射**或转换。

以函数 $w=z^2$ 为例，其中的 z 和 w 都是复变量。要从几何角度描述这个函数，我们需要两个直角坐标系，其中一个是独立变量 z，另一个是独立变量 w。将它们分别写成 $z=x+iy$ 以及 $w=u+iv$，我们就可以得到

$u+iv=(x+iy)^2=(x+iy)(x+iy)=x^2+xiy+iyx+i^2y^2=x^2+2ixy-y^2=(x^2-y^2)+i(2xy)$。

因为等式两边的实部与虚部分别相等，所以有 $u=x^2-y^2$，$v=2xy$。现在，我们假设变量 x 和 y 在"z 平面"（即 xy 平面）中符合某条曲线，这将导致变量 u 和 v 在"w 平面"（即 uv 平面）中遵循某一象曲线。例如，如果点 $P(x,y)$ 沿着双曲线 $x^2-y^2=c$（其中 c 是一个常数）移动，那么象点 $Q(u,v)$ 将会沿着曲线 $u=c$（即 w 平面中的一条垂线）移动。同样，如果点 P 沿着双曲线 $2xy=k$（k 是常数）移动，点 Q 将沿着水平线 $v=k$ 移动（如图 14-3 所示）。双曲线 $x^2-y^2=c$ 和 $2xy=k$ 在 z 平面内形成了两组相似的曲线，其中每条曲线都对应一个给定的常数。它们的象曲线则在 w 平面内形成了由水平线及垂线构成的矩形网格。

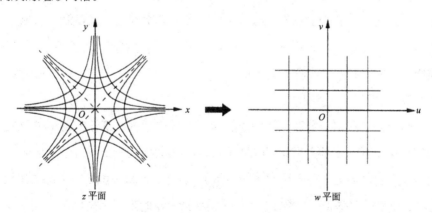

图 14-3　复变函数 $w=z^2$ 的映射

对于变量 z 和 w 都是复数的复变函数 $w=f(z)$，我们可以像对待实变量 x 和 y 所构成的实变函数 $y=f(x)$ 那样对其进行微分运算吗？答案是肯定的，不过需要一些附加说明。我们不再需要将函数的导数解释为图形上切线的斜

率，因为复变量的函数无法表示成一个单独的图形，它是一个平面到另一个平面的映射。我们可以单纯地从形式上尝试对函数进行微分运算：寻找两个邻近的点 z 和 $z+\Delta z$ 所对应的函数 $w=f(z)$ 的差值，然后除以自变量的差值 Δz，并令 $\Delta z \to 0$。至少从形式上看，可由此得出点 z 处的 $f(z)$ 变化率。但即使是这种单纯形式的运算过程，我们也会遇到在实变量函数中从未出现过的困难。

极限概念中隐含的一点假设就是，极限运算的最终结果是相同的，不管独立变量如何接近它的"终极"值。例如，在函数 $y=x^2$（见第 9 章）的求导过程中，我们从某个固定值 x（比如 x_0）开始，然后移动到一个邻近的点 $x=x_0+\Delta x$，找出这两个点所对应的 y 值的差值 Δy，并最终得出 $\Delta x \to 0$ 时的极限值 $\Delta y/\Delta x$。这一过程的结果就是 $2x_0$，即在 x_0 点处的导数值。在 Δx 趋于 0 的过程中，我们假设不管以何种形式使 $\Delta x \to 0$，最终都会得到一个相同的结果（我们从未描述得如此明显）。例如，我们可以令 Δx 从正值趋于 0（也就是说，让 x 从右侧趋于 x_0），也可以从负值趋于 0（让 x 从左侧趋于 x_0）。这种默许的假设是，最终结果即 $f(x)$ 在点 x_0 处的导数与如何让 Δx 趋于 0 完全无关。对我们所遇到的初等代数学中的大部分函数而言，这是微不足道的，甚至可以认为是一些书呆子才会追求的细节。因为这些函数通常都是平滑和连续的——它们的曲线没有尖角和突变，所以我们没有必要过分关注计算函数导数的过程。[5]

然而，当遇到一个复变量的函数时，这样的考虑一下子变得至关重要。和实变量 x 不同，复变量 z 可以从无穷多个角度接近一个点 z_0（回忆一下，这一独立变量需要一整个平面才能表示）。因此，当 $\Delta z \to 0$ 时 $\Delta w/\Delta z$ 的极限存在，就意味着该值（复数）对应的极限与 $z \to z_0$ 的方向无关。

接下来要说明的是，这种形式上的要求带来了复变函数中一对最为重要的微分方程。它们就是柯西－黎曼方程，以法国人奥古斯丁·路易斯·柯西（1789—1857）和德国人格奥尔格·弗雷德里希·波恩哈德·黎曼 (1826—1866) 的名字命名。这些公式的推导过程已经超出了本书的范围 [6]，所以就让我们简单地看看这两位数学家是怎么做的吧。给定一个关于复变量 z 的函数 $w=f(z)$，如果我们将 z 和 w 分别写成 $z=x+iy$ 以及 $w=u+iv$ 的形式，那么 u 和 v 就变成了实变量 x 和 y 的实变函数，用符号表示就是 $w=f(z)=u(x, y)+iv(x,y)$。举个例子，在复变函数 $w=z^2$ 的例子中，我们得到了 $u=x^2-y^2$ 以及 $v=2xy$。柯西－黎曼方程表明，如果某一个复变函数 $w=f(z)$ 可微（即可求导），那么它在复平面内任一点 z 处应当满足：u 对 x 的导数一定等于 v 对 y 的导数，同时 v 对 x 的导数一定等于 u 对 y 的导数的负数，点 $z=x+iy$ 处的所有导数都必须计算。

当然，用数学语言来表示这种关系就简单多了，不过首先必须为这一问题中的导数引入一种新的记法。这是因为 u 和 v 都是包含**两个独立变量**的函数，并且我们必须声明是对哪个变量进行微分的。对于刚刚提到的导数，我们分别用符号 $\partial u/\partial x$、$\partial u/\partial y$、$\partial v/\partial x$ 以及 $\partial v/\partial y$ 来表示（其中的运算符 $\partial/\partial x$ 以及 $\partial/\partial y$ 分别被称为对 x 和 y 的偏微分）。在进行这样的微分运算时，除了微分符号中指定的变量外，其他的变量都应当看成固定不变的量。所以，在 $\partial/\partial x$ 中将 y 视为固定量，在 $\partial/\partial y$ 中将 x 视为固定量。柯西－黎曼方程表明：

$$\frac{\partial u}{\partial x}=\frac{\partial v}{\partial y},\ \frac{\partial u}{\partial y}=-\frac{\partial v}{\partial x} \tag{1}$$

对于函数 $w=z^2$，我们有 $u=x^2-y^2$ 以及 $v=2xy$，因此 $\partial u/\partial x=2x$, $\partial u/\partial y=-2y$, $\partial v/\partial x=2y$ 以及 $\partial v/\partial y=2x$。既然所有的变量 x 和 y 都满足柯西－黎曼方程，那么相应地，函数 $w=z^2$ 在复平面上的每一点 z 都是可微的。实际上，如果我们从形式上将函数 $y=x^2$ 的求导过程中的 x 替换为 z、y 替换为 w，就可以得到 $dw/dz=2z$。这一表达式给出了复平面中每一点 z 的函数的导数值。尽管柯西－黎曼方程并不直接涉及求导计算，不过它提供了方程在某点**存在**导数的必要条件（而且，稍微改变一下假设条件后，它也是充分条件）。

如果一个函数 $w=f(z)$ 在复平面上的某一点 z 处可微，我们就称 $f(z)$ 在 z 点是**解析**的。要得到这一结果，该点必须满足柯西－黎曼方程。因此，相对于实数域的可微而言，解析是一个更为严格的条件。但一旦一个方程被证明是解析的，它就符合所有类似于实数域规则的求导规则。例如，两个函数的和以及积的微分公式、链式法则，还有公式 $d(x^n)/dx=nx^{n-1}$，所有这些对实数变量 x 都成立的法则对复变量 z 依然成立。我们称函数 $y=f(x)$ 的性质移植到了复数域中。

在说明复变函数的一般性理论后，我们已经可以回到我们的主题了：指数函数。从欧拉公式 $e^{ix}=\cos x+i\sin x$ 说起，我们可以将方程的右边看成表达式 e^{ix} 的定义，而在此之前，我们从未对它下定义。不过，我们可以做得更出色：既然已经允许指数为虚数了，那何不假设它也可以为复数？换言之，我们希望得到表达式 e^z 在 $z=x+iy$ 时的含义。这里我们尝试用一种纯粹的符号方法，顺着欧拉精神指引的方向前进。假设 e^z 符合所有实变量的指数函数的法则，我们得到：

$$e^z = e^{x+iy} = e^x e^{iy} = e^x(\cos y+i\sin y) \tag{2}$$

当然，这里的薄弱点正是刚才的假设——未定表达式 e^z 的函数特性符合实变量的代数函数法则。这当然是符合事实的，而且所有的数学家几乎都忘记了这一事实的存在。不过，有一个解决方法：何不化被动为主动，将 e^z 按照式 (2) 的形式定义呢？我们当然可以这么做，因为在这个定义中，没有任何一点是与现在的指数函数理论相冲突的。

当然，只要不违背人们已接受的定义和事实，我们可以定义数学上的任何一种新事物。真正的问题在于：我们所给的定义符合那个新事物的属性吗？在我们的问题中，将式 (2) 的左边部分用 e^z 表示是因为：复变量的指数函数这一新事物的定义能够满足我们所想要的性质，即它从形式上保留了实变函数 e^x 的所有性质。例如，我们已经得到了对所有实数 x 和 y 都成立的公式 $e^{x+y}=e^x\times e^y$，所以我们就有了对任意两个复数 w 和 z 都成立的公式 $e^{w+z}=e^w\times e^z$。[7] 进一步地，如果 z 是实数（也就是说 $y=0$），式 (2) 的右边就为 $e^x(\cos 0+i\sin 0)=e^x(1+i\times 0)=e^x$，因此实变量的指数函数不过是 e^z 定义中的一个特例。

那么 e^z 的导数是什么呢？它可以从在点 $z=x+iy$ 处可导的函数 $w=f(z)=u(x,y)+iv(x,y)$ 推导而得：

$$\frac{dw}{dz}=\frac{\partial u}{\partial x}+i\frac{\partial v}{\partial x} \tag{3}$$

（或者 $\dfrac{dw}{dz}=\dfrac{\partial v}{\partial y}-i\dfrac{\partial u}{\partial y}$，按照柯西 – 黎曼方程，这两个表达式是相等的）。对函数 $w=e^z$ 而言，从式 (2) 中可以得到 $u=e^x\cos y$ 以及 $v=e^x\sin y$，因此 $\partial u/\partial x=e^x\cos y$，$\partial v/\partial x=e^x\sin y$。从而我们可以得到：

$$\frac{d}{dz}(e^z)=e^x(\cos y+i\sin y)=e^z \tag{4}$$

因此，函数 e^z 与它的导数完全相等，这一性质与函数 e^x 是一致的。

值得一提的是，还有另外一种推导复变函数理论的方法，常简称为**函数论**。这一理论由柯西开创、德国数学家卡尔·魏尔施特拉斯（1815—1897）完善，它对幂级数进行了推广应用。例如，函数 e^z 可以定义为：

$$e^z=1+\frac{z}{1!}+\frac{z^2}{2!}+\frac{z^3}{3!}+\cdots \tag{5}$$

这一定义是从欧拉关于 e^x 是 $(1+x/n)^n$ 在 $n\to\infty$ 时的极限的定义（见第 13 章）中引申而得的。它的详细推导过程不在本书的讲述范围之内，不过这一方法的本质表明：幂级数 (5) 对复平面上的所有 z 值都是收敛的，而且每一项都可以像普通的多项式（有限项）那样可微。函数 e^z 的所有性质都可以从这一定义中推导得到，特别是公式 $d(e^z)/dz=e^z$，它可以立即通过式 (5) 逐项求导获得，这点读者们可以自行验证。

至此，我们已经将指数函数的范围推广到复数范围，而且它所有的性质都与实数范围内的性质相似。不过，这样又有什么优势呢？我们获得了什么新的信息吗？事实上，如果我们只是从形式上将变量 x 替换为 z，这样的过程确实很缺乏说服力。不过，函数在推广到复数范围的过程中也保留了它本身的实数性质。在前面我们就已经见过其中的一点：关于复变函数是从 z 平

面到 w 平面的映射的解释。

要了解函数 $w = e^z$ 所引起的是何种映射关系，我们得暂时离开本书的主题，谈谈复数的极坐标表示方法。在第 11 章中，我们学习到，平面上的一点 P 既可以用直角坐标 (x, y) 所示，也可以用极坐标 (r, θ) 表示。从图 14-4 所示的直角三角形 OPR 中，我们可以得出这两种坐标系之间的关系，即 $x = r\cos\theta$，$y = r\sin\theta$。因此，我们可以将任何复数 $z = x + iy$ 写成 $z = r\cos\theta + ir\sin\theta$ 的形式，或者将其中的 r 提取出来：

$$z = x + iy = r(\cos\theta + i\sin\theta) \tag{6}$$

我们甚至可以用简写符号 $\operatorname{cis}\theta$ 来替换表达式中的 $\cos\theta + i\sin\theta$，从而将式 (6) 简化为如下表达式：

$$z = x + iy = r\operatorname{cis}\theta \tag{7}$$

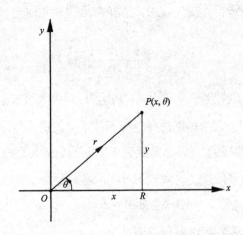

图 14-4　复数的极坐标表示

这两种复数表达形式 $x + iy$ 和 $r\operatorname{cis}\theta$ 分别是复数 z 在直角坐标系和极坐标系中的表示方法（这里的角 θ 延续了解析中的传统定义，它所表示的是弧度，见第 11 章）。例如，复数 $z = 1 + i$ 的极坐标表示形式就是 $\sqrt{2}\operatorname{cis}(\pi/4)$，这是因为点 $P(1,1)$ 到原点的距离为 $r = \sqrt{1^2 + 1^2} = \sqrt{2}$，线段 OP 与 x 轴正半轴所形

成的夹角 $\theta = 45° = \pi/4$。

极坐标表示方法在两个复数相乘或相除的时候具有特殊的优势。假设 $z_1 = r_1 \operatorname{cis}\theta$，$z_2 = r_2 \operatorname{cis}\varphi$，那么 $z_1 z_2 = (r_1 \operatorname{cis}\theta)(r_2 \operatorname{cis}\varphi) = r_1 r_2 (\cos\theta + \mathrm{i}\sin\theta)(\cos\varphi + \mathrm{i}\sin\varphi) = r_1 r_2 [(\cos\theta\cos\varphi - \sin\theta\sin\varphi) + \mathrm{i}(\cos\theta\sin\varphi + \sin\theta\cos\varphi)]$。如果我们利用正弦函数和余弦函数的加法公式（见第 12 章），小括号中的表达式就可以分别写成 $\cos(\theta + \varphi)$ 以及 $\sin(\theta + \varphi)$，从而得到 $z_1 z_2 = r_1 r_2 \operatorname{cis}(\theta + \varphi)$。这也就意味着，如果我们要将两个复数相乘，只要先将它们的距离相乘，然后再将它们的角相加即可。换言之就是，距离扩展，角度旋转。这种几何解释使得复数在很多应用（从力学振动到电流）中都非常有效，不过，不管怎样都会涉及旋转。

回到式 (2)，我们可以看出等式的右边恰好就是一个极坐标表示形式，其中 e^x 充当的角色就是 r，而 y 对应于 θ。相应地，如果我们将变量 $w = e^z$ 用极坐标形式表示成 $R(\cos\Phi + \mathrm{i}\sin\Phi)$，那么 $R = e^x$，$\Phi = y$。现在想象一下，如果 z 平面中的点 P 沿着一条水平直线 $y = c$（c 为常数）运动，那么它在 w 平面中的象点 Q 就沿着一条 $\Phi = c$ 的射线运动（如图 14-5 所示）。具体而言，直线 $y = 0$（即 x 轴）将会映射到射线 $\Phi = 0$（u 轴正半轴），直线 $y = \pi/2$ 映射到 $\Phi = \pi/2$（v 轴正半轴），直线 $y = \pi$ 映射到 $\Phi = \pi$（u 轴负半轴）。奇妙的是，直线 $y = 2\pi$ 又一次映射到 u 轴正半轴。这是因为式 (2) 中的函数 $\sin y$ 和 $\cos y$ 都是周期性的，它们的值每 2π 弧度（360°）重复一次。这也就意味着函数 e^z 本身是周期性的，实际上它有一个虚周期 $2\pi\mathrm{i}$。只要知道实变函数 $\sin x$ 和 $\cos x$ 在一个周期（比如从 $x = -\pi$ 到 $x = \pi$）内的性质，就足以判断它在所有实数范围内的性质。同样，只要知道复变函数 e^z 在一个水平狭长区域（比如从 $y = -\pi$ 到 $y = \pi$，更确切地讲是 $-\pi < y \leqslant \pi$）内的性质就足够了，而这一区域又被称为复变函数 e^z 的基本域。

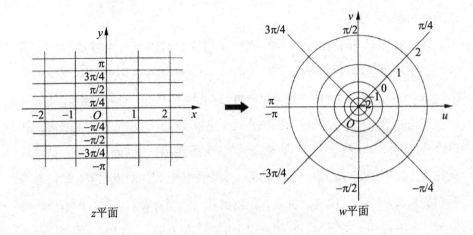

z平面   w平面

图 14-5　复变函数 $w = e^z$ 的映射关系

　　关于水平线的内容已经描述得够多了，到此为止吧。当点 P 沿着一条垂线 $x = k$（k 为常数）运动时，它的象点 Q 则沿着曲线 $R = e^k$（e^k 也为常数）运动，这是一个圆心位于原点、半径 $R = e^k$ 的圆（如图 14-5 所示）。对于不同的垂线（不同的 k 值），我们得到不同的圆，这些圆都是圆心在原点的同心圆。然而，需要注意的是，如果这些垂线都是等距划分的，那么它们所映射出的圆的半径则是呈指数增加的。从中我们发现，函数 e^z 与等差数列和几何级数之间的著名关系如出一辙，而正是等差数列和几何级数之间的奇妙关系引导 17 世纪初的纳皮尔发明了对数。

- - - - - ● - - - - - ● - - - - - ● - - - - -

　　实变函数 $y = e^x$ 的反函数是自然对数函数 $y = \ln x$。同样，复变函数 $w = e^z$ 的反函数是自然对数复变函数 $w = \ln z$。不过，有一个重要的区别：函数 $y = e^x$ 有一个性质，即两个不同的 x 值总是对应两个不同的 y 值，这可以从 e^x 的图形（如图 10-1 所示）中看出来，它沿着 x 轴自左向右单调递增。具有这样一种性质的函数常被称为"一对一函数"。不属于一对一函数的一个例子就是抛物线函数 $y = x^2$，它满足 $(-3)^2 = 3^2 = 9$。严格来说，只有一对一函数才有反函数，因为只有这样才会使每个 y 值都唯一对应一个 x 值。所以，函数

$y=x^2$ 并没有反函数（不过，我们可以将条件限定在 $x \geqslant 0$ 这一范围内来修正）。同样，三角函数 $y=\sin x$ 和 $y=\cos x$ 都没有反函数。原因是这些函数都是周期性的，即有无穷多个 x 值都可以产生同一个 y 值，这一情况可以通过限定一个合适的范围来修正。

在前面，我们已经了解到复变函数 e^z 也是周期性的。因此，如果我们拘泥于实变函数的那些规则，它就不存在反函数。然而，因为很多常见的实变函数在扩展到复数范围时都成了周期函数，所以有必要将"一对一"的限制条件放宽一下，使复变函数即使在不满足"一对一"的条件时也存在反函数。这就意味着该反函数使得每一个独立变量的值对应多个函数值，复对数函数就是这种多值函数的一个例子。

我们的目的是将函数 $w=\ln z$ 表示为复数形式 $u+iv$。让我们从 $w=e^z$ 开始，将 w 表示为极坐标的形式，如 $R\operatorname{cis}\varPhi$。利用式 (2)，可得 $R\operatorname{cis}\varPhi=e^x\operatorname{cis} y$。两个复数相等的条件是，它们到原点的距离相等，并且它们相对于实轴的方向相同。第一个条件就是 $R=e^x$；但第二个条件所对应的就不仅仅是 $\varPhi=y$ 这一种情形了，而是 $\varPhi=y+2k\pi$，其中 k 是任意整数，包括正数和负数。这是因为从原点发出的给定射线对应着无数个角度，它们相互之间都相差整数个旋转周期（也就是 2π 的整数倍）。因此，我们得到 $R=e^x$，$\varPhi=y+2k\pi$。求解方程，得到 x 和 y 关于 R 和 Q 的表达式 $x=\ln R$，$y=\varPhi+2k\pi$（实际上是 $\varPhi-2k\pi$，不过这无关紧要，因为 k 可以是任意整数）。现在，我们得到 $z=x+iy=\ln R+i(\varPhi+2k\pi)$，将其中不常用的字母换成常用的表示形式，我们最终得到：

$$w=\ln z=\ln r+i(\theta+2k\pi), \quad k=0,\pm1,\pm2,\cdots \tag{8}$$

式 (8) 定义了任意一个复数 $z=r\operatorname{cis}\theta$ 的复对数函数。我们知道，这一对数函数是一个多值函数：一个给定的数 z 对应着无穷多个对数值，它们彼此之间的差值是 $2\pi i$ 的整数倍。例如，让我们来求 $z=1+i$ 的对数。这个数的极坐标表示为 $\sqrt{2}\operatorname{cis}(\pi/4)$，因此就有 $r=\sqrt{2}$，$\theta=\pi/4$。

从式 (8) 中我们得到 $\ln z = \ln\sqrt{2} + i(\pi/4 + 2k\pi)$，当 $k = 0, 1, 2, \cdots$ 时，可以得到 值 $\ln\sqrt{2} + i(\pi/4) \approx 0.346\ 6 + 0.785\ 4i$，$\ln\sqrt{2} + i(9\pi/4) \approx 0.346\ 6 + 7.068\ 6i$，$\ln\sqrt{2} + i(17\pi/4) \approx 0.346\ 6 + 13.351\ 8i$，等等。当 k 取负整数时，我们还可以得到更多。

那么，实数的对数值是什么呢？由于实数 x 还可以表示成复数 $x+0i$ 的形式，我们希望 $x+0i$ 的自然对数值与 x 的自然对数值完全相等。这基本上是正确的。事实上，复对数作为一个多值函数，将会引入许多实数的自然对数之外的值。以 $x=1$ 为例，我们都知道 $\ln 1 = 0$（因为 $e^0 = 1$）。但当我们将实数 1 看成是复数 $z = 1+0i = 1\operatorname{cis}0$ 时，从式 (8) 中得到 $\ln z = \ln 1 + i(0 + 2k\pi) = 0 + i(2k\pi) = 2k\pi i$，其中 $k = 0, \pm1, \pm2, \cdots$。因此，复数 $1+0i$ 有无穷多个对数值——$0, \pm2\pi i, \pm4\pi i$，等等，其中除了 0 外的值都是纯虚数。值 0，或者更准确地说，式 (8) 中令 $k=0$ 时的表达式 $\ln r + i\theta$ 的值，被称为对数函数的**主值**，用 $\operatorname{Ln} z$ 表示。

———•———•———•———

让我们回到 18 世纪去看看这些思想是如何产生的。我们还记得，求双曲线 $y = 1/x$ 下投影面积的问题是 17 世纪一个著名的数学问题。最终关于面积涉及对数的发现，使得人们所关注的焦点从对数作为计算装置的原始角色转换到对数**函数**的性质上来。欧拉给出了现代对数的定义：如果 $y = b^x$，其中 b 是任意不等于 1 的正数，那么就有 $x = \log_b y$（读作"以 b 为底的对数"）。于是，只要变量 x 是实数，$y = b^x$ 就总是正数。因此，**在实数域内**，负数的对数是不存在的，这是因为实数域中不存在负数的平方根。但到了 18 世纪，复数已经被很好地融入到数学中，因此自然而然地产生了一个问题：负数的对数是什么？具体而言，$\ln(-1)$ 是什么？

这个问题引起了一场非常激烈的辩论。法国数学家达朗贝尔（1717—1783，他与欧拉在同一年逝世）认为 $\ln(-x) = \ln x$，所以有 $\ln(-1) = \ln 1 = 0$。他的理由是，既然 $(-x)(-x) = x^2$，同理也应该有 $\ln[(-x)(-x)] = \ln(x^2)$。根据

对数法则，式子的左边等于 $2\ln(-x)$，而右边则等于 $2\ln x$，所以在等式两边消去 2 以后得到 $\ln(-x)=\ln x$。然而，这是一个伪证，因为当把常规代数（也就是实数域）的法则运用到复数范围中时，这些规则未必适用（这让人想起了 $i^2=1$ 而不是 -1 的伪证：$i^2=(\sqrt{-1})\times(\sqrt{-1})=\sqrt{|(-1)\times(-1)|}=\sqrt{1}=1$。问题出在第二步，因为法则 $\sqrt{a}\times\sqrt{b}=\sqrt{ab}$ 只有当根号下的数字都为非负数时才成立）。1747 年，欧拉写信给达朗贝尔说，负数的对数一定是复数，而且它对应着**无穷多个不同的值**。确实，如果 x 是负数，那么它的极坐标表示形式就是 $|x|\operatorname{cis}\pi$，所以从式 (8) 中我们得到 $\ln x=\ln|x|+i(\pi+2k\pi)$（其中 $k=0,\pm1,\pm2,\cdots$）。具体而言，当 $x=-1$ 时，我们有 $\ln|x|=\ln1=0$，因此 $\ln(-1)=i(\pi+2k\pi)=i(2k+1)\pi=\cdots,-3\pi i,-\pi i,\pi i,3\pi i,\cdots$。$\ln(-1)$ 的主值（即 $k=0$ 时的值）也就是 πi，这一结果可直接从欧拉公式 $e^{\pi i}=-1$ 中得到。虚数的对数值也可以通过类似的方法得到。例如，既然 $z=i$ 的极坐标表示形式是 $1\times\operatorname{cis}(\pi/2)$，那么就有 $\ln i=\ln1+i(\pi/2+2k\pi)=0+(2k+1/2)\pi i=\cdots,-3\pi i/2,\pi i/2,5\pi i/2,\cdots$。

毋庸置疑，在欧拉的时代里，这样的一种结果被认为是很奇特的。尽管随后复数被完全纳入代数领域中，但是它们在超越函数方面的应用还是非常新颖的。欧拉打破了这种宁静，向人们展示了复数可作为超越函数的"输入"，而相应的"输出"也是复数。他的新方法得到了一些意想不到的结果，他得到了"虚数的虚数次方可能为实数"的结论。举个例子，表达式 i^i 对我们而言究竟有什么含义呢？首先，任何底数的乘方总能写成以 e 为底的乘方形式，相应的恒等式是：

$$b^z=e^{z\ln b} \tag{9}$$

（要验证这一恒等式，可以在等式两边分别取自然对数，并利用 $\ln e=1$）。将式（9）运用到表达式 i^i 中，可以得到：

$$i^i=e^{i\ln i}=e^{i\times i(\pi/2+2k\pi)}=e^{-(\pi/2+2k\pi)}\ (k=0,\pm1,\pm2,\cdots) \tag{10}$$

因此，我们得到了无穷多个值，这些值都是实数，开始的几个分别为（从

$k=0$ 开始向后计算）$e^{-\pi/2} \approx 0.208$，$e^{+3\pi/2} \approx 111.318$，$e^{+7\pi/2} \approx 59\,609.742$，等等。在形式上，欧拉实现了以虚化实！[8]

在欧拉开创性的工作之后，还有其他一些人投入到复变函数的研究领域中。我们在第 13 章中已经详细了解到欧拉方程 $e^{ix} = \cos x + i\sin x$ 是如何引入三角函数的新定义的：$\cos x = (e^{ix} + e^{-ix})/2$，以及 $\sin x = (e^{ix} - e^{-ix})/2i$。不过，何不将这些定义中的实变量 x 替换为复变量 z 呢？这样，我们就可以从形式上得到复变量三角函数的表达式：

$$\cos z = \frac{e^{iz} + e^{-iz}}{2}, \quad \sin z = \frac{e^{iz} - e^{-iz}}{2i} \tag{11}$$

当然，为了能够计算任意复数 z 的 $\cos z$ 和 $\sin z$ 的值，我们需要找出这些函数的虚部和实部。从式 (2) 中可以得到 e^{iz} 和 e^{-iz} 以实部和虚部之和表示的形式：$e^{iz} = e^{i(x+iy)} = e^{-y+ix} = e^{-y}(\cos x + i\sin x)$，以及类似的 $e^{-iz} = e^{y}(\cos x - i\sin x)$。将这两个表达式代入到式 (11) 中，通过一些细微的代数运算，我们就得到公式：

$$\cos z = \cos x \cosh y - i\sin x \sinh y$$
$$\sin z = \sin x \cosh y + i\cos x \sinh y \tag{12}$$

其中 $\cosh$ 和 $\sinh$ 分别表示双曲函数（见第 12 章）。我们可以看出，这些公式具备与原来实变量三角函数类似的一些性质。举个例子，将实变量 x 替换为复变量 $z = x + iy$ 后，公式 $\sin^2 x + \cos^2 x = 1$，$d(\sin x)/dx = \cos x$，$d(\cos x)/dx = -\sin x$，以及其他三角函数公式依然适用。

从式 (12) 中可以得到一个非常有趣的特例：令 z 为一个纯虚数，即 $x=0$，$z = iy$，则式 (12) 就变成了：

$$\cos(iy) = \cosh y, \quad \sin(iy) = i\sinh y \tag{13}$$

这些著名的公式表明，在复数范围内，我们可以在三角函数以及双曲函数中自由转换，而在实数范围内我们只能注意到它们之间形式上的类似。推广到复数域之后，这两种经典函数之间的隔阂消失得一干二净。

将函数推广到复数领域不仅保留了它在实数域的所有性质，实际上还给函数带来了一些新的性质。在本章的开头，我们曾将一个复变函数$w = f(x)$解释为从z平面到w平面的映射。函数理论中最为优雅的一个理论认为，如果函数$f(z)$在每个点都是解析的（存在导数），那么它的映射是保形的，即角度保持不变。这就意味着，如果两条在z平面中的曲线相交所形成的夹角为φ，那么它们在w平面中的象曲线之间的夹角也为φ（这一夹角被定义为两条曲线在相交点处所对应的切线之间的夹角，如图14-6所示）。举个例子，前面我们曾提到复变函数$w = z^2$的映射函数为双曲函数$x^2 - y^2 = c$与$2xy = k$，它们的象曲线分别是直线$u = c$以及$v = k$。这两个曲线家族都是正交的：一族中的每条双曲线与另外一族中的每条双曲线的夹角都是直角。这种正交性也保留到映射图形中，因为象曲线$u = c$与$v = k$显然是相互垂直的（如图14-3所示）。第二个例子是关于函数$w = e^z$的，直线$y = c$以及$x = k$分别对应射线$\Phi = c$以及圆$R = e^k$（如图14-5所示），我们再次看到它们之间所形成的夹角（即直角）始终不变。在这一例子中，这种保形性反映了一个非常著名的定理，即圆周上任一点的切线都与该点所对应的半径垂直。

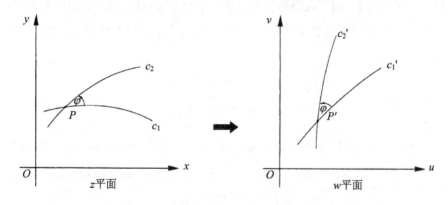

图14-6　解析函数的保形性质：两条曲线的交角在映射图形中保持不变

大家应该知道，柯西 – 黎曼方程 [式 (1)] 在复变函数理论中起到核心作用。它不仅提供了函数$w = f(z)$解析的条件，也给出了复变函数理论中最重要的一个结论。如果我们对式 (1) 的第一个方程求x的偏微分，对第二个方

程求 y 的偏微分，我们就得到了莱布尼茨记法（用 ∂ 代替 d，见第 9 章）的二次导数表达式

$$\frac{\partial^2 u}{\partial x^2} = \frac{\partial}{\partial x}\left(\frac{\partial v}{\partial y}\right),\; \frac{\partial^2 u}{\partial y^2} = -\frac{\partial}{\partial y}\left(\frac{\partial v}{\partial x}\right) \tag{14}$$

其中的 ∂ 可能会带来一些混淆，这里稍微解释一下：$\partial^2 u / \partial x^2$ 是 $u(x, y)$ 对 x 的二次求导，而 $\partial / \partial x(\partial v / \partial y)$ 是 $v(x, y)$ 对 y 和 x 的二次"混合"求导（按顺序）。换言之，我们对这一表达式是由内向外进行运算的，就像运算小括号、中括号的顺序那样。对其他两个表达式的说明与此类似。这些相似性让我们多少有些迷惑，不过好在我们不用为以何种顺序进行微分有太多担心：如果函数 u 和 v 是"足够守规矩的"（意思就是它们以及它们的导数都是连续的），那么微分的顺序就无关紧要了。也就是说，$\partial / \partial y(\partial / \partial x) = \partial / \partial x(\partial / \partial y)$，这是某种意义上的交换法则。例如，如果 $u = 3x^2 y^3$，那么 $\partial u / \partial x = 3(2x)y^3 = 6xy^3$，$\partial / \partial y(\partial u / \partial x) = 6x(3y^2) = 18xy^2$，$\partial u / \partial y = 3x^2(3y^2) = 9x^2 y^2$，$\partial / \partial x(\partial u / \partial y) = 9(2x)y^2 = 18xy^2$，因此 $\partial / \partial y\,(\partial / \partial x) = \partial / \partial x(\partial / \partial y)$。这一结论在高等微积分教材中有证明过程，通过它我们可以看出式 (14) 中的两个等式右边的值恰好相反，所以它们的和为 0，因此可以得到：

$$\frac{\partial^2 u}{\partial x^2} + \frac{\partial^2 u}{\partial y^2} = 0 \tag{15}$$

对 $v(x, y)$ 也能得到类似的结果。再次以函数 $w = e^z$ 为例。从式 (2) 得到 $u = e^x \cos y$，所以 $\partial u / \partial x = e^x \cos y$，$\partial^2 u / \partial x^2 = e^x \cos y$，$\partial u / \partial y = -e^x \sin y$，以及 $\partial^2 u / \partial y^2 = -e^x \cos y$，继而 $\partial^2 u / \partial x^2 + \partial^2 u / \partial y^2 = 0$。

式 (15) 又称为二维的拉普拉斯方程，它是以法国伟大的数学家皮尔斯·西蒙·马奎斯·拉普拉斯（1749—1827）的名字命名的，它的三维形式 $\partial^2 u / \partial x^2 + \partial^2 u / \partial y^2 + \partial^2 u / \partial z^2 = 0$（其中 u 是三维坐标 x, y, z 的函数）是数学物理中最为重要的方程之一。一般来讲，任何处于平衡状态（比如静态电场、

稳态运动的流体、一个热平衡体的扰动等）的物理量都可以表示为三维拉普拉斯方程。当然，也有可能所考察的对象只用两个空间坐标（如 x 和 y）就可以表示，那么它就可以用式（15）描述。例如，我们可以考虑处于稳态运动的流体，它的运动速度 u 总是平行于 xy 平面，而与 z 轴无关，这种运动其实就是二维的。事实上，如果解析函数 $w = f(z) = u(x, y) + iv(x, y)$ 的实部和虚部都满足式 (15)，那么我们可以用复变函数 $f(z)$ 来重新表达速度 u，这也就是所谓的"复位势"。这样做的好处是，我们可以只关注一个变量 z，而不用管 x 和 y。而且，复变函数的这一性质有助于进行数学处理。比如，我们可以通过一种合适的保形变换将水流所在的 z 平面区域映射到另一个简单的 w 平面区域中，并在这种情形下求解，然后再将结果逆映射到原来的 z 平面区域。这种方法常用在位势论中。[9]

　　复变函数的这一理论是 19 世纪数学领域中最伟大的 3 个成就之一（另外两个分别为抽象代数学和非欧几里得几何学），这也意味着它将微积分学扩展到了一个牛顿与莱布尼茨都难以想象的新领域。在 1750 年左右，欧拉是开拓者；而柯西、黎曼、魏尔施特拉斯，以及其他许多 19 世纪伟大的数学家让我们得以享受这个果实。顺便提一下，相对于模糊不清的流数和差分，柯西是第一个摒弃该模糊概念并给出极限概念准确定义的人。如果牛顿和莱布尼茨可以活着看到他们的思想萌芽成熟，会有怎样的反应呢？最有可能的就是敬畏或者惊愕。

一个非同寻常的发现

  质数就是只能被它自身和 1 整除的比 1 大的整数，最小的 10 个质数分别为 2, 3, 5, 7, 11, 13, 17, 19, 23 和 29。大于 1 且不是质数的整数被称为**合数**（通常认为数字 1 既不是质数也不是合数）。质数在数论以及其他所有数学领域中的重要性归因于，任何大于 1 的整数都只能以唯一一种形式（也就是乘积的形式）进行分解。例如，合数 12 可以分解为 2 和 6（12=2×6）；而 6=2×3，因此我们得到 12=2×2×3。此外，还可用另外一种形式获得，即 12=3×4，而 4=2×2，所以 12=3×2×2，结果同前（只是因数的次序发生了变化）。这一重要的结论也就是**算术的基本定理**。

  在我们已知的关于质数的少数几件事中，其中一点就是，有无穷多个质数。也就是说，质数表其实是没有尽头的。这一点在欧几里得的《几何原本》一书的第九卷中已得到证明。最小的质数是 2，这也是唯一一个偶质数。而目前已知的最大的质数则是 $2^{2\,976\,221}-1$，它共有 895 932[①] 位数，是由戈登·斯宾赛于 1997 年 12 月在家中利用一个从网上下载的程序通过计算机计算得到的。如果将所有这些数字都打印出来，那将可印成一本 450 页的书。[10]

---

① 现在又有了新的进展。——译者注

以前发现一个新质数的时候，人们总是会用一瓶香槟或者一个邮戳来庆祝（如图 14-7 所示），不过现在它被计算机厂商以及软件公司用来宣传以增长公司的利润。质数这一纯数学中曾经的最高领域，最近被发现与国家安全有一定的关系。如果用户不知道这些质数到底是什么，那么就可以利用两个非常大的质数获得一个非常复杂的乘积结果，这也是**公钥加密算法**的基础。

大多数关于质数的问题至今也未得到解决，因此它们始终保持着神秘感。比如，质数有成对出现的趋向（$P, P+2$），如 3 和 5，5 和 7，11 和 13，17 和 19，101 和 103。人们后来还在一些较大的质数中发现了这种成对的现象：29 879 和 29 881，140 737 488 353 699 和 140 737 488 353 701。到 1990 年为止，所知道的最大的一对为 $1\ 706\ 595 \times 2^{11\,235} \pm 1$，它们均为 3 389 位数。[11]到目前为止，还不知道是否存在无穷多个这种"质数对"，大部分数学家都认为答案是肯定的，不过至今还没人能够证明这种猜想的正确性。

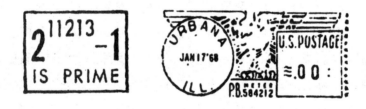

图 14-7　表示发现新质数的邮戳

另一个悬而未决的质数问题就是哥德巴赫猜想，它是以德国数学家克里斯蒂安·哥德巴赫（1690—1764，后来成为俄国的外交官）的名字命名的。在 1742 年给欧拉的一封信中，他提出了这样一个猜想：每一个大于 4 的偶数都可以写成两个质数的和，例如 4=2+2，6=3+3，8=3+5，10=5+5=3+7以及 12=5+7（这一猜想对奇数并不适用，例如 11 就不能写成两个质数的和的形式，读者们可以自行验证）。据说欧拉并没有证明出这一猜想，也没有找到一个反例，当然其他人也是。对于至少 10^{10} 以内的所有偶数，这一猜想都是正确的，但即便如此，也无法证明它对所有的偶数而言都是正确的。这也使它成为数学上最著名的未解难题之一。[12]

质数最引人好奇的一个方面就是，它们看起来像是随机分布于整数当中的，它们的分布到现在依然无规可循。事实上，任何试图求出质数的公式或预测它们的准确分布的行为，至今为止都是失败的。然而，当数学家们将考察对象由各个独立的质数转移到它们的平均分布上时，出现了一个重要的突破。1792 年，15 岁的高斯验证了由德国数学家约翰·海因里希·朗伯特（1728—1777）编写的质数表。他想找到比给定整数 x 小的质数的分布规律，更确切地说是小于等于 x 的质数的个数。现在，我们用 π 来表示这一数字，既然它是 x 的函数，那么我们写成 $\pi(x)$（这里的字母 π 当然和数字 $\pi = 3.14\cdots$ 毫无关联）。举个例子，由于比 12 小的质数共有 5 个（它们分别是 2, 3, 5, 7, 11），我们就有 $\pi(12) = 5$。类似地可以得到，$\pi(13) = 6$，因为 13 本身也是一个质数。

注意一点，$\pi(x)$ 的值只有在 x 到达下一个质数的时候才会发生改变，因此 $\pi(14)$、$\pi(15)$ 和 $\pi(16)$ 也都是 6。所以，$\pi(x)$ 的值只会以 1 跳变，但这些跳变之间的间隔是不规则的。然而仅粗略地看一眼那些整数，我们也会发现这些间隔在不断变大，即随着数的增大，在某个间隔内找到一个质数的可能性越来越小。高斯自问道，对于较大的 x 而言，函数 $\pi(x)$ 是否近似于某个已知的函数。在仔细观察了朗伯特的表格后，他做出了一个大胆的猜想：对于较大的 x 而言 $\pi(x) \sim x/\ln x$，其中 $\ln x$ 是 x 的自然对数（以数 e 为底数）。这里的符号 $\sim$ 表示，$\pi(x)$ 与 $x/\ln x$ 的比值在 x 趋于无穷大时趋于 1，用符号表示就是 $\lim\limits_{x \to \infty} [\pi(x)/(x/\ln x)] = 1$。[13] 这一著名的表述成了**质数定理**。

如果我们将质数定理写成 $\pi(x)/(x/\ln x)$ 的等价形式，那么我们就可以将它解释为质数的平均密度（即某一给定整数为质数的概率）在 x 趋于无穷大时接近 $1/\ln x$。下面的表格就比较了 x 增长时 $\pi(x)/x$ 和 $1/\ln x$ 的比值变化和规律：

x	$\pi(x)$	$\pi(x)/x$	$1/\ln x$
10	4	0.400 0	0.434 3
100	25	0.250 0	0.217 1

续表

x	$\pi(x)$	$\pi(x)/x$	$1/\ln x$
1 000	168	0.168 0	0.144 8
10 000	1 229	0.122 9	0.108 6
100 000	9 592	0.095 9	0.086 9
1 000 000	78 498	0.078 5	0.072 4
10 000 000	664 579	0.066 5	0.062 0
100 000 000	5 761 455	0.057 6	0.054 3

年轻的高斯将他的猜想涂写在他的对数表的最后一页上。在那里我们找到了这样的表述：

Primzahlen unter $a(= \infty)a/la$

上式的意思是，当 a 趋于无穷大时，小于等于 a 的质数的个数为 $a/\ln a$。

他并没有尝试证明他的猜想，这使他错失了许多伟大的发现，其中就包括德国数学家黎曼在 1859 年发表的一篇关于这一主题的重要文章中的思想，而黎曼本人是高斯的学生。最终的胜利来自于 1896 年，法国的阿达玛（1865—1963）与比利时的法勒布赛（1866—1962）分别独立完成了对高斯猜想的证明。

质数定理中的自然对数表明了数字 e 与质数之间存在一种间接的联系。这样一种联系是非同寻常的：质数属于整数的范畴，是离散数学的精髓，而 e 属于分析的范畴，属于极限和连续的领域。[14] 引用科朗特和罗宾斯在《数学是什么》一书中的一段话：[15]

"质数的平均分布规律可以用对数函数来说明，这是一个非常伟大的发现，因为它将两个看起来毫不相关的数学概念如此紧密地联系在一起，确实令人惊叹。"

第 15 章

e 究竟是怎样的一个数

"万物皆数。"

——毕达哥拉斯的座右铭

π 的历史可以追溯到古代，e 的历史则不过 400 年左右。数字 π 起源于一个几何问题，即怎样得到圆的周长和面积；数字 e 的起源就不是那么清晰了，它似乎可以追溯到 16 世纪的一个发现，即复利计算公式 $(1+1/n)^n$ 在 n 增大时趋于某个固定的极限值——约为 2.718 28。因此，e 成了第一个用极限运算来定义的数字，即在 $n \to \infty$ 时，$e = \lim(1+1/n)^n$。e 曾一度被认为是一个很奇怪的数，随后圣文森特对双曲线的成功求积将指数函数以及数字 e 推向了数学阵线的最前沿。至关重要的一步是微积分的发明，即证明对数函数的反函数（后来用 e^x 表示）与它自身的导数相等，这立即赋予了数字 e 以及指数函数 $y = e^x$ 在解析学中的核心地位。紧接着，1750 年左右，欧拉将变量 x 假设为虚数甚至复数，为复变函数理论及其他重要性质的发现铺平了道路。然而，有一个问题至今无人解答：e 究竟是怎样的一个数？

自有历史记载以来，人们就在和数字打交道。对古代人（甚至包括现在的某些部落）而言，数字就是计数用的数。确实，如果只是为了估计私人财产，计数用的数 [也称为**自然数**（不包含 0）或**正整数**] 已经足矣。然而，人们不可避免地会遇到一些计量问题，如求一块田地的面积、一桶酒的容积或两个城镇之间的距离等。但人们很难保证这样的计量结果恰好就是某个单位的整数值。这时，对分数的需求出现了。

古埃及人和古巴比伦人早就找到了一种巧妙的方法，用以记录和计算分数。不过，受毕达哥拉斯影响的古希腊人使分数成为他们数学和哲学体系中的支柱，把它们提升到一种近乎神秘的状态。毕达哥拉斯的信徒认为，世间万物都可以用分数形式（即有理数）表示。这一观念很可能源自毕达哥拉斯对音乐中和声的兴趣。据说，他曾对多种不同的发音体（比如弦、铃铛以及盛有水的杯子）进行过试验，并得到振动弦的长度与弦所发出的音调之间的数量关系：弦越短，音调越高。而且，他还发现通常的音程（音乐器材所发出的不同音符的距离）与弦长之间有一个简单的**比值**关系。例如，八度音程对应的长度比值是 2 ∶ 1，五度音程为 3 ∶ 2，四度音程为 4 ∶ 3，等等（这里的术语八度、五度和四度指的是音阶上相应音程的位置，见第 11 章）。正是基于这 3 个比值（3 个"完全音程"），毕达哥拉斯发明了他著名的音阶。但随着研究的深入，他将自己的发现解释为，不仅仅是音乐中的和声符合简单的整数比关系，世间万物都是如此。要理解这一非凡的逻辑延展，就必须知道，在古希腊音乐（更确切地讲是**乐理**，而不仅仅是演奏）与自然科学尤其是数学的地位是旗鼓相当的。所以，毕达哥拉斯推断出，如果音乐是基于有理数的，那么整个宇宙也是如此。因此，有理数统治着古希腊人的世界观，就像理性思维主导着他们的哲学一样（事实上，"理性"的古希腊词是 logos，它也是现代 logic 一词的起源）。

人们对毕达哥拉斯的生活知之甚少，我们现在所知的完全来自他去世几个世纪后那些引用其发现的作品。因此，几乎所有关于他的描述都值得怀疑。[1] 他大约在公元前 570 年出生于爱琴海的萨摩斯岛，在离萨摩斯岛不远的小亚细亚大陆的米利都居住着古希腊的第一位伟大的哲学家泰勒斯。一种非常大的可能性就是，比泰勒斯小 50 岁的年轻人毕达哥拉斯前往米利都跟随这位伟大的学者深造。他随后穿越整个远古世界进行旅行，并最终定居在科尔托纳城，它位于现在意大利的南部，而在那里毕达哥拉斯创建了他著名的哲学学校。毕达哥拉斯创建的学校不仅仅是一个讨论哲学的平台，有着神秘的秩序，而且所有成员必须严格保守学校的秘密。毕达哥拉斯学者从不记录他们讨论的内容，不过他们讨论的过程对欧洲科学家的影响非常巨大，并一直延续到文艺复兴时期。最后一位毕达哥拉斯派学者就是伟大的天文学家开普勒，他对有理数主导论的虔诚信仰让他耗费了三十多年才发现行星的三大运动定律。

当然，不仅仅是哲学讨论使得有理数对数学而言如此重要。这些数字区别于整数的一个特性就是：有理数形成了数字的密集。换句话说，无论两个数字靠得多近，它们之间总能插入另外的数字。以分数 1/1 000 以及 1/1 001 为例。这两个分数当然靠得很近了，它们之间的差约为百万分之一。我们可以轻而易举地找到一个位于这两者之间的数，比如 2/2 001。我们还可以继续寻找分数 2/2 001 与 1/1 000 之间的分数（例如 4/4 001），如此，可反复至无穷。两个分数之间的空间不仅可以插入一个分数，还可以插入无穷多个新的分数。因此，我们可以将任意一次计量的结果用分数的形式表示出来。这是因为任何计量结果都被计量方法本身所约束，我们所期望的就是获得一个近似的结果，对此而言有理数是完全够用的。

确切地讲，"密集"一词指的是有理数沿着数轴分布的方式。取线上的任意一条线段，不管它有多小，它总是有无穷多个"有理数点"（即线段上到原点的距离等于有理数的点）。所以，这看起来似乎可以顺理成章地得出结论，整个数轴都是由有理数点组成的，而这也是古希腊人所认为的。但在数学上，很多"看起来"理所当然的结论往往都是不正确的。数学史上最为重要的事件之一就是，尽管有理数是密集的，它们还是在实轴上留下了一些

"孔"，即某些不是有理数的点。

这些"孔"的发现也归功于毕达哥拉斯，不过这很可能是他的某个门徒发现的。你一定不知道，为了遵从大师的教诲，所有的毕达哥拉斯派学者都必须将他们的发现归于毕达哥拉斯的名下。这一发现与单位正方形（也就是边长为 1 的正方形）的对角线有关。如果我们将正方形的对角线用 x 表示，那么根据毕达哥拉斯定理（也就是勾股定理）可以得到 $x^2 = 1^2 + 1^2$，所以 x 就等于 2 的平方根，写成 $\sqrt{2}$。当然，毕达哥拉斯派学者们认为这个数等于某个分数，并竭尽全力地去寻找它。不过，某年某月某一天，他们中的一个人得到了一个令人震惊的发现：$\sqrt{2}$ 不能等于任何一个分数。至此，**无理数**的存在终于被人们认识到了。

古希腊人十有八九是用几何方法来说明 $\sqrt{2}$ 是无理数的。现在，我们已经掌握了好几种证明 $\sqrt{2}$ 的无理性的非几何方法，当然这些都是"间接"证明方法。让我们首先假设 $\sqrt{2}$ 是两个整数的比值，如 m/n，然后得到这种假设导致的矛盾，最终得出 $\sqrt{2}$ 无法等于该比值的结论。假设 m/n 是最简分数（也就是 m 和 n 没有公约数），那么就有许多种不同的证明方法。举其中的一个例子，假设 $\sqrt{2} = m/n$，那么 $2 = m^2/n^2$，因此 $m^2 = 2n^2$。这就表明 m^2 乃至 m 本身都是偶数（因为奇数的平方总是奇数），所以就有 $m = 2r$，其中 r 是整数。这样我们就得到 $(2r)^2 = 2n^2$，简化以后可得 $n^2 = 2r^2$。同样，根据这一结果可以得出 n 也是偶数的结论，或者说 $n = 2s$。既然 m 和 n 都是偶数，那么它们就有公约数 2，这与我们所做出的假设（即分数 m/n 是最简分数）相矛盾。所以，$\sqrt{2}$ 不可能是一个有理数。

$\sqrt{2}$ 是无理数的发现让毕达哥拉斯学者们颇为震惊，因为竟然存在一个可以明确地计量甚至都可以用直尺和圆规画出来的量，但它不是一个有理数。他们对此大为困惑，甚至拒绝承认 $\sqrt{2}$ 是一个数，而是将正方形的对角线看成是一个非数字量！数字量与几何量的差别事实上否定了毕达哥拉斯"万物皆数"的信条，自此以后，无理数逐渐成为古希腊数字中不可或缺的基本元素。为了遵守他们保守秘密的誓言，毕达哥拉斯派学者们发誓不将这一发现泄露出去。但传说他们中有一个名叫西帕索斯的人用自己的方法解出了这个问题，并将无理数存在的消息向外界透露了。收到关于他叛逆行为的消息后，他的同伴们在航行的时候密谋将他扔进了海里。

但是关于这一发现的知识还是散布开了，此后不久，人们又发现了其他一些无理数。例如，任何质数的平方根都是无理数。到了欧几里得撰写《几何原本》的公元前 3 世纪，无理数的新奇感几乎消失殆尽。《几何原本》的第十卷给出了一个关于无理数，即不可通约数（指不能以同一标准衡量的线段）的广泛几何理论。如果线段 *AB* 和 *CD* 可被同一标准衡量，那么它们的长度就可以由第三条线段 *PQ* 相乘得到，也就是 $AB=mPQ$, $CD=nPQ$（其中 m 和 n 都是整数），因此 $AB/CD=(mPQ)/(nPQ)=m/n$ 是一个有理数。然而，直到 1872 年，理查德·戴德金（1831—1916）才在他著名的专著《连续性与无理数》（*Continuity and Irrational Numbers*）中发表了完全令人满意的无理数理论——完全脱离几何因素考虑的理论。

如果将有理数集和无理数集统一在一起，就可以得到一个更大的数集，即**实数集**。实数就是可以用小数表示的数，这些小数分 3 种：有限小数，如 1.4；无限循环小数，如 0.272 7…（也可以写成 $0.\overline{27}$）；无限不循环小数，如 0.101 001 000 1…，其中的数绝不会按固定的次序重复。众所周知，前面两种小数代表的是有理数（在给出的例子中，1.4=7/5，0.272 7…=3/11），而最后一种小数代表的是无理数。

实数的小数表示方法立即验证了前面所提到的一点：从实用角度出发，仅为了计量，我们并不需要无理数。我们总能通过有理数序列对无理数近似取值，达到我们所需要的任何精度。例如有理数 1, 1.4（=7/5），1.41（141/100），1.414（=707/500）以及 1.414 2（=7 071/5 000）就是与 $\sqrt{2}$ 近似的有理数，它们的精度逐渐提高。无理数在数学上的重要性主要体现在理论方面：要填补数轴上那些非有理数所留下的"孔"，它们是必不可少的；使实数集成为一个完整的体系，即**实数连续系统**。

这一体系维持了 2500 多年。接着，在 1850 年左右，人们发现了一种新的数。我们在初等代数中所遇到的大部分数都可以被认为是一些简单方程的解，更确切地说，它们都是有整系数的多项式方程的解。例如，−1、2/3 以及 $\sqrt{2}$ 分别为多项式方程 $x+1=0$、$3x-2=0$ 以及 $x^2-2=0$ 的解（数字 $i=\sqrt{-1}$ 也属于这一类，因为它满足方程 $x^2+1=0$，不过这里我们仅讨论实数）。即使一个看起来复杂的数如 $\sqrt[3]{1-\sqrt{2}}$ 也属于这一类别，因为它满足方程 $x^6-2x^3-1=0$（这很容易验证）。像这种是有整系数的多项式方程的实数解的数被称为代数数。

显然，每个有理数 a/b 都是代数数，因为它满足方程 $bx-a=0$。所以，如果一个数不是代数数，那么它一定是一个无理数。然而，它的逆命题是不成立的，就像给出的例子 $\sqrt{2}$ 那样，一个无理数可能是代数数。那么问题来了：存在非代数数的无理数吗？在 19 世纪初，数学家们就开始猜测这一问题的答案是"是"，但他们一直没有找到这样一种数。看起来，即使发现了非代数数，那它也应该是很奇特的。

1844 年，法国数学家约瑟夫·刘维尔（1809—1882）证明了这种非代数数确实是存在的。尽管他的证明并不简单，[2] 但他的证明结果还是得到了几个这种数，其中一个就是著名的"刘维尔数"：

$$\frac{1}{10^{1!}}+\frac{1}{10^{2!}}+\frac{1}{10^{3!}}+\frac{1}{10^{4!}}+\cdots$$

它的小数展开表达式是 0.110 001 000 000 000 000 000 000 001 00⋯（一长串 0 是因为刘维尔数表达式的分母中存在 $n!$，这也使得相应的项急剧减小）。另一个例子是 0.123 456 789 101 112 13⋯，它的小数部分由自然数顺序排列而成。非代数数的实数被称为**超越数**。这个词本身并没有什么神秘的地方，它只不过用来表示那些超出代数数范围的数。

无理数的发现来自几何中的一个常见问题，而第一个超越数的出现只是为了证明它的存在，从某种程度上讲，它是一个"人工"数。但一旦这样的目的达成了，人们的注意力又会回到那些常见的数上，特别是 π 和 e。这两个数属于无理数这一点，已经在此前一个多世纪就被人们发现了：欧拉在

1737 年证明了数字 e 以及 e^2 是无理数 [3]，德国数学家朗伯特在 1768 年证明了 π 具有同样的性质 [4]。朗伯特还证明了函数 e^x 和 $\tan x$（即 $\sin x / \cos x$）在 x 为非 0 有理数时不可能为有理数 [5]。然而，由于 $\tan(\pi/4) = \tan 45° = 1$ 的结果是一个有理数，那么 $\pi/4$、π 必然为无理数。朗伯特曾猜测 π 和 e 都是超越数，不过无法给出证明。

从那时起，π 和 e 的故事就变得密不可分了。刘维尔自己证明了 e 不可能是一个整系数二次方程的解。不过这当然无法证明 e 是超越的，因为这要求它不能是任何一个整系数多项式方程的解。这一任务留给了另一位法国数学家查尔斯·埃尔米特（1822—1901）。

埃尔米特在生下来时腿部就有残疾，但因祸得福，他因此无须服兵役。尽管他在著名的巴黎综合工科学校中的学习成绩并不出众，但不久后，他就用行动证明了自己是 19 世纪下半叶最伟大的数学家之一。他的工作涉及的领域很广，包括数论、代数以及分析（他的专长是椭圆函数，这是高等分析学中的一门知识），而他广阔的视角使他找到了那些看起来泾渭分明的领域之间的联系。除了研究之外，他还撰写了好几本后来被奉为经典的数学教材。他在 1873 年发表了关于 e 的超越性的著名证明，用了 30 多页纸。实际上，埃尔米特给出了两种不同的证明方法，其中的第二种方法更为缜密。[6] 在证明的后续工作中，埃尔米特给出了下面这两个 e 和 e^2 的有理近似数：

$$e \approx \frac{58\ 291}{21\ 444},\ e^2 \approx \frac{158\ 452}{21\ 444}$$

前者的小数值为 2.718 289 498，与真实值之间的误差小于 0.000 3%。

解决了 e 的问题之后，埃尔米特可能想要将自己的注意力放到 π 上。但在一封给以前的学生的信中，他这样写道："我不应当为了证明 π 的超越性而冒任何风险。如果有人愿意接受这项挑战，我将会比其他任何人都高兴看到他们取得成功。但请相信我，他们不会失败，只不过他们需要多做一些努力。" [7] 显然，他预计到了这项任务的艰巨性。但在 1882 年，也就是埃尔米特证明了 e 的超越性后的第九年，德国数学家卡尔·路易斯·费迪纳德·林德曼（1852—1939）的不懈努力终于收获了胜利的果实。林德曼循着埃尔米特的足迹建立了自己的证明模型，他给出了如下表达式：

$$A_1 e^{a_1} + A_2 e^{a_2} + \cdots + A_n e^{a_n}$$

其中的 a_i 为不同的代数数（实数或复数），A_i 为代数数，这一表达式永远不为 0（这里排除了所有 A_i 均为 0 的无意义情形）。[8] 不过我们知道一个等于 0 的类似的表达式，即欧拉公式 $e^{\pi i} + 1 = 0$（注意，等式的左边可以按照所要求的形式写成 $e^{\pi i} + e^0$），因此 πi 以及 π 不可能为代数数，所以 π 是超越数。

　　随着这些发展，关于圆周率本质的长久研究终于可以得到一个结论了。π 的超越性解决之后，那个古老问题也就解决了：只利用直尺和圆规画一个与给定圆面积相等的正方形。这一著名的问题一直困扰着许许多多的数学家，包括公元前 3 世纪的柏拉图，他曾宣布所有的几何图形都一定可以由直尺（没有刻度）和圆规画出来。众所周知，只有在所有线段的长度都满足一个特定的整系数方程时，画出这样的图形才是有可能的。[9] 既然单位圆的面积是 π，那么如果与单位圆面积相等的正方形的边长为 x，我们就可以得到 $x^2 = \pi$，也就是 $x = \sqrt{\pi}$。但要画出这条线段，$\sqrt{\pi}$（也就是 π）必须满足某个整系数多项式方程，使它成为代数数。而 π 是超越数，所以这个绘图任务是不可能完成的。

　　解开这一从古代就开始困扰着数学家们的难题，使林德曼蜚声世界。然而，正是埃尔米特对 e 的超越性的证明给林德曼后来的证明指明了方向。在比较这两位数学家的贡献时，《科学传记辞典》（*Dictionary of Scientific Biography*）这样描述道："林德曼只是一位普通的数学家，他的名声却盖过了埃尔米特，仅仅是因为他的一项发现，而这项发现是因为有了埃尔米特为他奠定基础，他才能如此轻而易举地获得成功。"[10] 林德曼后来尝试去解决另一个著名问题，即费马大定理，却从一开始就错误百出。[11]

　　在某一方面，π 和 e 的故事迥然不同。由于 π 的悠久历史和盛名，历年来计算它小数点后面的位数已经成为某种形式的比赛，即便是林德曼关于 π

的超越性证明也没能阻止"数字猎人"试图获得更多更壮观的数字的行为（1989 年的记录是小数点后 4 亿 8000 万位）。这种疯狂的举动并没有降落到 e 身上，[12] 可能是因为 e 并不像 π 那样牵扯大量的琐事，[13] 不过我在最近的一本物理书中找到了这样一段注脚："对那些熟悉美国历史的人而言，可以将（数字 e）开始的 9 位数字记忆为 e=2.7（安德鲁·杰克逊）[2]，或者 e=2.718 281 828…，因为安德鲁·杰克逊是在 1828 年就任美国总统的。从另一方面看，对那些对数学掌握得比较好的人而言，这也是一种记忆美国历史的好办法。"[14]

发现数学中这两个最为著名的数字的本质之后，数学家们的注意力似乎要转移到其他领域了。不过，1900 年在巴黎举办的第二次国际数学家大会上，那个时代最杰出的数学家之一——戴维·希尔伯特（1862—1943）向整个数学界发起了挑战，他提出了 23 个他认为至关重要的未解决的数学问题。其中第十七个是：证明或反证对任何不为 0 和 1 的代数数 a 以及任何无理代数数 b，表达式 a^b 总是超越数。他举了其中几个例子，如 $2^{\sqrt{2}}$ 以及 e^{π}[后者可以写成 i^{-2i}（见第 14 章），因此也符合所需形式]。[15] 希尔伯特曾预言解答这一问题将会比证明费马大定理所用的时间还要长，不过他过于悲观了。1929 年，苏联数学家亚历山大·欧希波维奇·盖尔芬德（1906—1968）证明了 e^{π} 的超越性，第二年又证明了 $2^{\sqrt{2}}$ 的情形。希尔伯特关于 a^b 的一般性猜想，在 1934 年分别由盖尔芬德以及德国的施耐德独立完成证明。

要证明某个数是超越数并非易事：我们必须证明这个数字不满足一个特定的条件。那些至今未能得到证明的数中包括 π^e、π^{π} 以及 e^e。π^e 的情形非常有趣，因为它使我们想起了 e 和 π 之间的某种斜对称性。我们在第 10 章中指出过，e 在双曲线中的角色在某种程度上类似于 π 在圆中的角色。不过这种相似性并不完美，欧拉公式 $e^{i\pi}=-1$ 已经清晰地表现出来了（π 和 e 在其中占据的位置不同）。这两个著名的数除了它们之间的紧密联系外，还有着截然不同的个性。

超越数的发现并未像 2 000 多年前无理数的发现那样带来思想上的冲击，

不过它产生的结果是同样重要的。它表明，看起来很简单的实数体系背后隐藏着许多诡异之处，这些细微的差别是无法简单地通过观察一个数的小数展开式而察觉的。最大的惊喜终究会到来。1874 年，德国数学家乔治·康拓（1845—1918）得到了一个令人震惊的发现：无理数比有理数多，超越数比代数数多。换句话说就是，**大部分实数都是无理数**，而在无理数中，大部分又都是超越数！ [16]

　　不过，这也将我们带入到了一个前所未有的抽象王国。如果我们乐于计算 e^π 和 π^e 的值，将会发现它们有着惊人的相似性：它们分别为 22.459 157⋯ 和 23.140 692⋯。当然，π 和 e 本身在数值上差异就不大。想象一下：在无穷多个实数中，数学上最为重要的几个数——0, 1, $\sqrt{2}$, e 和 π 都位于实轴上 4 个单位的范围内。令人惊讶地一致吧？这只是造物主鸿篇巨制中的一小段注解吗？这恐怕需要读者自己展开想象了。

附　录

"数 e 恐怕不会再用于表示除这一正的通用常数（方程 $\ln x = 1$ 的解）之外的任何一个量了。"

——埃德蒙·兰道，《微积分》（1934）

关于纳皮尔对数的一些说明

在 1619 年出版的遗著《奇妙对数表的构建》中，纳皮尔用一种几何—力学模型解释了他关于对数的发明。这是当时用于解决数学问题的一种很常见的方法（让我们想起了牛顿曾用一个相似的模型来描述他的流数思想）。考虑一条线段 AB 和一条与它平行的端点为 C、方向向右的射线（如附图 1-1 所示）。

附图 1-1　纳皮尔采用了一个几何模型来解释他的对数思想：P 沿着线段 AB 以一个与长度 PB 成比例的速度运动，同时点 Q 沿着射线以点 P 的初速度运动。如果我们令 x=PB，y=CQ，那么 y 就是 x 的（纳皮尔）对数

点 P 从 A 向 B 运动，其运动速度在每一时刻都与点 P 到点 B 之间的距离成正比。与此同时，点 Q 开始从点 C 向右以恒定速度

运动，其速度恰好等于点 P 运动的初速度。随着时间的推移，距离 PB 以正比于它自身的速率缩短，而距离 CQ 以一个恒定的速率增长。纳皮尔将从点 C 到点 Q 的距离定义为点 P 到终点 B 之间距离的对数。如果我们令 $PB=x$ 以及 $CQ=y$，那么就有

$$y = \text{Nap} \log x$$

其中 $\text{Nap} \log x$ 表示"纳皮尔对数"。[1]

我们可以很容易地看出，这一定义实际上将两个数的乘积（用沿着 AB 的距离代替）表示为另外两个数的和（到点 C 的距离）。假设线段 AB 为单位长度，我们在端点为 C 的射线上截取相等长度的线段，分别标记为 0, 1, 2, 3, 等等。由于点 Q 是以恒定速度运动的，所以它经过这些线段所用的时间也是相等的。当点 P 离开点 A 开始运动时，点 Q 位于 0（即点 C 处）；当点 P 走完线段 AB 的一半时，点 Q 位于 1；当点 P 完成 AB 的 3/4 时，点 Q 位于 2，如此等等。既然 x 表示的是点 P 距离终点 B 的长度，那么我们就可以得到如下内容：

x	1	1/2	1/4	1/8	1/16	1/32	1/64	⋯
y	0	1	2	3	4	5	6	⋯

这确实是一个非常粗糙的对数表：下一行中的每一个数都是上一行对应的数的对数（以 1/2 为底）。实际上，下一行中任意两个数的和也与它们在上一行中对应数的乘积相对应。需要注意的是，在上面的对应关系中，y 是随着 x 的减小而增加的，这有别于现代对数（以 10 或者 e 为底）的单调递增性。

我们曾在第 1 章中提到，为了符合三角函数中将单位圆的弧长划分为 10 000 000 部分的实际条件，纳皮尔将 AB 的长度取为 10^7。如果假设点 P 的初速度为 10^7，我们可以将点 P 和点 Q 的运动分别用两个微分方程来表示：$dx/dt=-x$，$dy/dt=10^7$，对应的初始条件分别为 $x(0)=10^7$，$y(0)=0$。消除两个方程中的 t，得到 $dy/dx=-10^7/x$，它对应的解为 $y=-10^7 \ln x+c$。由

于在 $y=0$ 时 $x=10^7$，所以我们得到 $c=10^7 \ln 10^7$，因此 $y=-10^7(\ln x - \ln 10^7)=$ $-10^7 \ln(x/10^7)$。运用公式 $\log_b x = -\log_{1/b} x$，我们可以将解写成 $y=10^7 \log_{1/e}$ $(x/10^7)$ 或者 $y/10^7 = \log_{1/e}(x/10^7)$。这一结果表明，在不考虑因子 10^7 的影响（它只是影响了结果中小数点的位置）时，纳皮尔对数实际上是一个以 $1/e$ 为底的对数，不过他本人从未考虑过底数的概念。[2]

$\lim (1+1/n)^{n}$ 在 $n \rightarrow \infty$ 时的存在

我们首先来看以下序列：

$$S_{n} = 1+\frac{1}{1!}+\frac{1}{2!}+\cdots+\frac{1}{n!}, (n=1,2,3,\cdots)$$

这个序列在 n 无限增大时趋近于一个极限值。每增加一项，这一序列的和就会增大一点，因此对所有的 n 都有 $S_{n}<S_{n+1}$；也就是说，序列 S_{n} 单调递增。从 $n=3$ 开始，我们还可以得到 $n!=1\times 2\times 3\times\cdots\times n>1\times 2\times 2\times\cdots\times 2=2^{n-1}$，所以有

$$S_{n} < 1+1+\frac{1}{2}+\frac{1}{2^{2}}+\cdots+\frac{1}{2^{n-1}} （n=3,4,5,\cdots）$$

上述和式中，从第二项开始的每一项构成了一个公比为 $1/2$ 的几何等比序列。这一序列的和为 $(1-1/2^{n})/(1-1/2)=2(1-1/2^{n})<2$，因而我们得到 $S_{n}<1+2=3$，这表明序列和 S_{n} 被限定在 3 以下（也就是 S_{n} 的值不会超过 3）。根据解析学中的一个著名定理：每一个有界的单调递增函数都在 $n\rightarrow\infty$ 时趋于一个极限值，因此 S_{n} 趋近于一个极限值 S。我们的证明结果还表明 S 位于 2 和 3 之间。

现在我们考虑序列 $T_n=(1+1/n)^n$。我们要证明的是，这一序列的和 S_n 收敛于同一个极限值。由二项式理论可得

$$T_n = 1 + n \times \frac{1}{n} + \frac{n(n-1)}{2!} \times \frac{1}{n^2} + \cdots + \frac{n(n-1)(n-2)\cdots 1}{n!} \times \frac{1}{n^n}$$

$$= 1 + 1 + \left(1 - \frac{1}{n}\right) \times \frac{1}{2!} + \cdots + \left(1 - \frac{1}{n}\right)\left(1 - \frac{2}{n}\right)\cdots\left(1 - \frac{n-1}{n}\right) \times \frac{1}{n!}$$

由于上式中每个括号内的表达式都比 1 小，因而有 $T_n \leq S_n$（实际上，从 $n=2$ 开始 $T_n < S_n$）。因此，序列 T_n 也被限定在上述范围之内。同时，T_n 也是单调递增的，因为将 n 替换为 $n+1$ 后会使和增大。所以在 $n \to \infty$ 时，T_n 也趋近于某一极限，我们将其表示为 T。

现在我们要证明 $S=T$。既然对所有的 n 都有 $S_n \geq T_n$，那么 $S \geq T$。下面证明 $S \leq T$ 的条件也同时满足。假设 m 小于 n 且是一个固定的整数。T_n 开始的 $m+1$ 项为：

$$1 + 1 + \left(1 - \frac{1}{n}\right) \times \frac{1}{2!} + \cdots + \left(1 - \frac{1}{n}\right)\left(1 - \frac{2}{n}\right)\cdots\left(1 - \frac{m-1}{n}\right) \times \frac{1}{m!}$$

由于 $m<n$ 且所有的项都为正数，因此上述各项的和比 T_n 小。如果我们令 n 无限增大，而让 m 固定不变，这一和将会趋近于 S_m，而 T_n 趋于 T。因此，我们可以得到 $S_m \leq T$，继而有 $S \leq T$。我们在前面已经得到了 $S \geq T$，那么唯一的可能性就是 $S=T$，而这正是我们希望证明的内容。当然，这一极限值 T 就是常数 e。

作为扩展，我们来证明 e 是无理数。[1] 证明过程是间接的：假设 e 是**有理数**，然后推导出在这一假设下的矛盾即可。假设 $e=p/q$，其中 p 和 q 都是整数。我们已经知道 $2<e<3$，e 不可能为整数，所以分母 q 至少为 2。现在我们将等式

$$e = 1 + \frac{1}{1!} + \frac{1}{2!} + \frac{1}{3!} + \cdots + \frac{1}{n!} + \cdots$$

的两边分别乘以 $q! = 1 \times 2 \times 3 \times \cdots \times q$。从等式左边我们得到：

$$e \times q! = \left(\frac{p}{q}\right) \times 1 \times 2 \times 3 \times \cdots \times q = p \times 1 \times 2 \times 3 \times \cdots \times (q-1)$$

而等式的右边则变为：

$$[q! + q! + 3 \times 4 \times \cdots \times q + 4 \times 5 \times \cdots \times q + \cdots + (q-1) \times q + q + 1] + \frac{1}{q+1} + \frac{1}{(q+1)(q+2)} + \cdots$$

注意，中括号中的 1 来自于 e 序列中的 $1/q!$ 项。左边显然为整数，因为它是整数的乘积。而等式的右边，中括号中的表达式显然为整数，不过其他项并不是整数，因为每一项的分母至少为 3。现在我们要证明它们的和也不是整数。由于 $q \geq 2$，就有：

$$\frac{1}{q+1} + \frac{1}{(q+1)(q+2)} + \cdots \leqslant \frac{1}{3} + \frac{1}{3 \times 4} + \cdots < \frac{1}{3} + \frac{1}{3^2} + \frac{1}{3^3} + \cdots = \frac{1}{3} \times \frac{1}{1 - \frac{1}{3}} = \frac{1}{2}$$

其中我们运用了无穷几何级数的求和公式 $a + ar + ar^2 + \cdots = a/(1-r)$，其中 $|r| < 1$。因此，我们得出等式的左边为整数，而等式的右边为非整数，显然它们是不可能相等的。所以 e 不可能是两个整数的比值，即它是无理数。

微积分基本定理的启发式推导

在附图 3-1 中，假设 A 表示的是函数 $y = f(x)$ 所对应的曲线从某个固定的值 x（例如 $x=a$，称为"积分下限"）到某个可变量（"积分上限"）的范围内与 x 轴所形成的面积。为了避免混淆，我们将积分上限用 t 来表示，x 是函数 $f(x)$ 的自变量。因此，面积 A 变成了一个与积分上限有关的函数：$A = A(t)$。我们希望证明 $\mathrm{d}A / \mathrm{d}t = f(t)$，也就是面积函数 $A(t)$ 随着 t 的变化率等于函数 $f(x)$ 在点 $x = t$ 处的值。

让我们从点 $x = t$ 移动到一个与它相邻的点 $x = t + \Delta t$ 处，也就是给 t 一个微小的增量 Δt，相应的面积也就增加了 $\Delta A = A(t + \Delta t) - A(t)$。由 Δt 所增加的面积，其外形近似为一个宽为 Δt、高为 $y = f(t)$ 的狭长长方形，如附图 3-1 所示。因此 $\Delta A \approx y \Delta t$，其中 Δt 越小，这一等式的近似度就越高。两边分别除以 Δt，得到 $\Delta A / \Delta t \approx y$。在极限条件 $\Delta t \to 0$ 下，表达式的左边变

成 A 对 t 的导数 $\mathrm{d}A/\mathrm{d}t$。因此，我们得到了 $\mathrm{d}A/\mathrm{d}t = y = f(t)$，这正是我们要证明的结果。

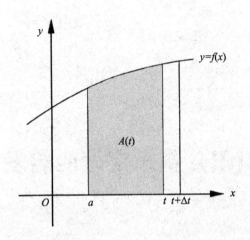

附图 3-1　微积分基本定理：面积函数 $A(t)$ 随着 t 的变化率
等于函数 $f(x)$ 在点 $x=t$ 处的值

这也表明，当将面积 A 看成变量 t 的函数时，它是函数 $f(x)$ 的反导数，即不定积分：$A = \int f(t)\mathrm{d}t$。要得到某一固定值 t 所对应的面积值，我们可以将它写成 $A = \int_a^t f(x)\mathrm{d}x$，这里我们将积分变量表示为 x。[1] 需要注意的是 $\int f(t)\mathrm{d}t$ 是一个函数（面积函数），而 $\int_a^t f(x)\mathrm{d}x$ 是一个数，它被称为函数 $f(x)$ 从 $x=a$ 到 $x=t$ 的定积分。

现在，这一推导过程并不是严谨的证明。要了解完整的证明过程，请参阅其他优秀的微积分教材吧。

在 $h \to 0$ 时，$\lim (b^h-1) / h = 1$ 与 $\lim (1+h)^{1/h} = b$ 之间的互逆关系

我们的目的是确定使极限$\lim_{h \to 0} (b^h - 1)/h = 1$成立的 b 值（见第 10 章）。我们从 h 为有限数开始，令表达式$(b^h - 1)/h$等于 1：

$$\frac{b^h - 1}{h} = 1 \qquad (1)$$

当然，如果这一表达式恒等于 1，那么必然有$\lim_{h \to 0} (b^h - 1)/h = 1$。我们现在解含 b 的方程，分两步完成，第一步我们得到：

$$b^h = 1 + h$$

第二步得到：

$$b = \sqrt[h]{1+h} = (1+h)^{1/h} \qquad (2)$$

其中，我们用分数指数的形式替换了根号。现在，从式 (1) 中得出 b 关于 h 的隐函数。既然式 (1) 和式 (2) 是等价的，那么令 $h \to 0$，我们就可以得到两个等价的表达式：

$$\lim_{h \to 0} \frac{b^h - 1}{h} = 1 \quad \text{以及} \quad b = \lim_{h \to 0}(1 + h)^{1/h}$$

后一个式子的极限值为数字 e，因此要使表达式 $(b^h - 1)$ 等于 1，b 必须为数字 e=2.718 28…。

需要强调的是，这并不是完整的证明，而仅仅是一个纲要。[1] 不过从教学的角度出发，这比传统方法要简单得多。传统方法往往先从对数函数开始，推导出它的导数——这是一个相当长的过程，然后再确定底数等于 e[在这之后才可以重新考虑指数函数，证明 $d(e^x)/dx = e^x$]。

对数函数的另一种定义

如果不考虑不定积分中附加的常数，那么 x^n 的反导数函数就是 $x^{n+1}/n+1$，其中 n 为不等于 -1 的数（见第 8 章）。而 $n=-1$ 的情形一直都是一个谜，直到圣文森特发现双曲函数 $y=1/x=x^{-1}$ 下的投影面积符合对数规律。我们现在知道，这个对数就是自然对数（见第 10 章）。因此，如果我们将这一面积看成是积分上限的函数，并将它表示为 $A(x)$，我们就可以得到 $A(x)=\ln x$。根据微积分的基本定理有 $d(\ln x)/dx=1/x$，所以 $\ln x$（或者 $\ln x+c$，其中 c 为任意常数）是 $1/x$ 的反导数函数。

然而，我们可以借鉴互逆的方法，将自然对数定义为函数 $y=1/x$ 的曲线从 $x=1$ 到某个可变的点（$x>1$）所形成的投影面积。[1] 将这一面积表示为积分形式：

$$A(x)=\int_1^x \frac{dt}{t} \tag{1}$$

其中，将积分变量用 t 表示，以避免与积分上限 x 产生混淆。我们还可以将积分符内的表达式写成 dt/t，而不是更为正式的 $(1/t)dt$。注意，式 (1) 将面积 A 定义为积分上限 x 的函数。我们现在来证明这一函数具有自然对数函数的所有性质。

首先，我们注意到 $A(1) = 0$。其次，根据微积分的基本理论，有 $dA/dx = 1/x$。再次，对于任意两个正实数 x 和 y，我们有加法定律 $A(xy) = A(x) + A(y)$，事实上即，

$$A(xy) = \int_1^{xy} \frac{dt}{t} = \int_1^x \frac{dt}{t} + \int_x^{xy} \frac{dt}{t} \qquad (2)$$

这里，我们将积分区间 $[1, xy]$ 分成了两个区间 $[1, x]$ 和 $[x, xy]$，等式右边的第一个积分显然就是我们的定义 $A(x)$ 了。对于第二个积分，我们做这样的代换（改变变量）：$u = t/x$，这样我们就有 $du = dt/x$（注意在积分时这里的 x 是一个常数）。继而，积分下限就由 $t = x$ 变成了 $u = 1$，而积分上限 $t = xy$ 也相应地变成了 $u = y$，因此我们得到：

$$\int_x^{xy} \frac{dt}{t} = \int_1^y \frac{du}{u} = A(y)$$

（这里的 t 和 u 都是虚变量，见附录 2）。这也符合加法定律。

最后，因为曲线 $1/x$ 下的投影面积随着 x 的增大而连续增大，A 就是 x 的一个单调递增函数。也就是说，如果 $x > y$，那么 $A(x) > A(y)$。所以当 x 从 0 变到 ∞ 时，相应的 $A(x)$ 也就覆盖了所有从 $-\infty$ 到 ∞ 的实数。不过这就意味着必然存在一个数（我们称之为 e），使得曲线下的投影面积恰好等于 1，即 $A(e) = 1$。不难得出，这个数就是 $(1 + 1/n)^n$ 在 $n \to \infty$ 时的极限。也就是说，e 与我们之前用 $\lim_{n \to \infty} (1 + 1/n)^n$ 所定义的那个数是同一个数。[2] 简而言之，由式 (1) 定义的函数 $A(x)$ 具有 $\ln x$ 的所有性质，所以我们将它表示为 $\ln x$。而且，既然这一函数是连续且单调递增的，它就有一个逆函数，也就是我们称为自然指数函数并用 e^x 表示的那个函数。

这一方法可能看起来多少有些不靠谱，它当然享受了事后诸葛亮的好处，因为我们已经知道了对数函数 $\ln x$ 具有上述的那些性质。不过，这种好

处并不总是适合我们。有许多看起来很简单的函数，它们的积分函数并不能用有限的初等函数（多项式及多项式的比值、根式、三角函数、指数函数以及它们的逆函数）组合表示。这种函数中的一个例子就是**指数积分函数**，它的反导数函数是 e^{-x}/x。尽管反导数函数确实存在，却找不到一个由初等函数所构成的函数，且其逆导数函数等于 e^{-x}/x。我们唯一能做的就是将这一反导数函数定义为一个积分式 $\int_x^{\infty}(e^{-t}/t)dt$，其中 $x > 0$，用 $\mathrm{Ei}(x)$ 来表示，同时将它看作一个新的函数。我们可以推导出这一函数的性质，列出它的值，并像对待任何普通函数那样画出它的曲线。[3] 这样，从每一个角度来看，这样一种"高等"函数都应当被认为是已知的。

附录 6

对数螺线的两个性质

在这里我们将证明前文所提到的对数螺线的两个性质。

任意一条通过原点的射线与螺线相交所形成的夹角都是相等的（正是因为这一性质，对数螺线也被称为等角螺线）。

要证明这一点，我们将利用函数 $w = e^z$ 的保形性，这里的 z 和 e 都是复变量（见第 14 章）。将 z 用直角坐标形式 $x + iy$ 表示，将 w 用极坐标形式 $w = R\operatorname{cis}\Phi$ 表示，我们就可以得到 $R = e^x$，$\Phi = y$（忽略附加的周期 2π 倍数，见第 14 章）。所以在 z 平面内 x 为常数的垂线对应于 w 平面内的圆 $R = e^x$（也为常数），圆心就是 w 平面的原点。同样，z 平面的水平线 $y = c$（c 为常数）映射到 w 平面就是 $\Phi = c$ 从原点发出的射线。现在考虑 z 平面内某一沿着过原点的直线 $y = kx$ 运动的点 $P(x, y)$。它在 w 平面内的象点 Q 对应的极坐标则为 $R = e^x$，$\Phi = y = kx$。将这两个等式中的 x 相消，我们得到 $R = e^{\Phi/k}$，这就是对数螺线的极坐标方程。所以，当 z 平面内的点 P 沿着直线 $y = kx$ 运动时，对应的象点 Q 在 w 平面内所描述的就是一条对数螺线。既然 z 平面内直线 $y=kx$ 与每一条垂线 $y=c$ 所形成的夹角都是相同的，比如说为 α（其中 $\tan\alpha=k$），那么它在 w 平面内的象曲线与每一条经过原点的射线所形成的夹角也是相等的，都为 α——这利用了映射函数的保形性。至此，证明就完成了。

如果令 $a=1/k=1/\tan\alpha=\cot\alpha$，我们则可以将对数螺线的方程写成 $R=\mathrm{e}^{a\phi}$。这表明常数 a（它决定了这条螺线的增长速率）与夹角 α 之间存在一定的关系：α 越小，增长率越大。当 $\alpha=90°$ 时，$a=\cot\alpha=0$，所以 $R=1$，即为单位圆。因此，圆是一条增长速率为 0 的特殊对数螺线。

对数螺线上任意一点到极点的弧线长度为有限值，尽管要达到极点需要旋转无穷多圈。

我们将这条曲线上的弧长用极坐标形式表示为 $r=f(\theta)$，即：

$$s=\int_{\theta_1}^{\theta_2}\sqrt{r^2+\left(\frac{\mathrm{d}r}{\mathrm{d}\theta}\right)^2}\,\mathrm{d}\theta$$

这一表达式可以通过考虑弧线上的一小段弧长 $\mathrm{d}s$，然后运用毕达哥拉斯定理 [$\mathrm{d}s^2=(\mathrm{d}r)^2+(r\mathrm{d}\theta)^2$] 求得。对对数螺线而言，我们有 $r=\mathrm{e}^{a\theta}$，$\mathrm{d}r/\mathrm{d}\theta=a\mathrm{e}^{a\theta}=ar$。因此，有：

$$s=\int_{\theta_1}^{\theta_2}\sqrt{r^2+(ar)^2}\,\mathrm{d}\theta=\sqrt{1+a^2}\int_{\theta_1}^{\theta_2}\mathrm{e}^{a\theta}\,\mathrm{d}\theta=\frac{\sqrt{1+a^2}}{a}(\mathrm{e}^{a\theta_2}-\mathrm{e}^{a\theta_1})\quad(1)$$

假设 $a>0$，也就是说，当我们沿着螺线逆时针方向运动（左手螺线）时，r 相应地增加。将 θ_2 看成是一个固定值，并假设 $\theta_1\to-\infty$，我们有 $\mathrm{e}^{a\theta_1}\to0$，因此，有：

$$s_\infty=\lim_{\theta_1\to-\infty}s=\frac{\sqrt{1+a^2}}{a}\mathrm{e}^{a\theta_2}=\frac{\sqrt{1+a^2}}{a}r_2\quad(2)$$

所以，对左手螺线而言，它上面的任意一点到极点的距离都可以由式 (2) 表示，而它的右侧则是一个有限值。对右手螺线（$a<0$）而言，我们将会令 $\theta_1\to+\infty$，从而得到一个类似的结论。

式 (2) 的右边可以用几何方式解释。将 $a=\cot\alpha$ 代入式 (2) 中，并运

用三角恒等式 $1+\cot^2\alpha = 1/\sin^2\alpha$ 以及 $\cot\alpha = \cos\alpha/\sin\alpha$，我们将会得到 $\sqrt{1+a^2}/a = 1/\cos\alpha$。因此可得 $s_\infty = r/\cos\alpha$，其中 r 的下标 2 已略去。对照附图 6-1，假设要测量点 P 到极点的弧长，于是有 $\cos\alpha = OP/PT = r/PT$。因此 $PT = r/(\cos\alpha) = s_\infty$，即从点 P 沿着螺线到极点的弧长等于点 P 沿着此处螺线的切线到点 T 的距离。伽利略的门徒托里拆利在 1645 年通过无穷几何级数的和求弧线长度的近似值时发现了这一重要结论。

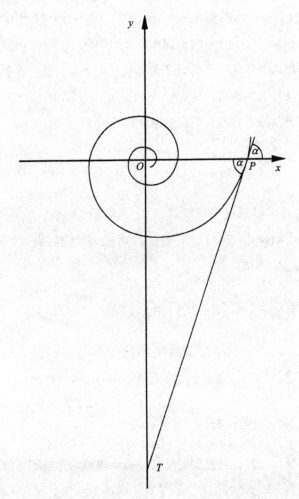

附图 6-1　求对数螺线的长：距离 PT 等于从点 P 到点 O 的螺线弧长

双曲函数中参数 φ 的解释

圆函数或三角函数是通过对单位圆 $x^2+y^2=1$ 进行如下的定义所得到的：

$$\cos\varphi = x \,,\, \sin\varphi = y \qquad (1)$$

其中 x 和 y 是圆周上一点 P 的坐标值，而 φ 则是线段 OP 与 x 轴正向所形成的夹角，其值为逆时针方向角度的弧度值，如附图 7-1 所示。而双曲函数则是以类似的方法对双曲线 $x^2-y^2=1$ 上的点 P 进行如下定义而得到的（见附图 7-2）：

$$\cosh\varphi = x \,,\, \sinh\varphi = y \qquad (2)$$

这里的参数 φ 并不能解释为一个夹角。我们可以给出 φ 的一个几何含义，而这也将突出这两个函数家族之间的类似性。

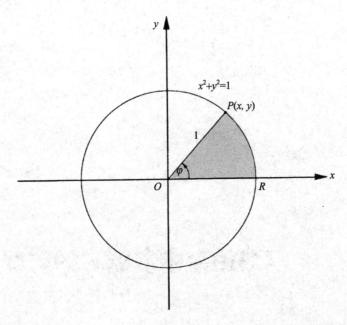

附图 7-1　单位圆 $x^2+y^2=1$，其夹角 φ 可以解释为圆扇形 POR 面积的两倍

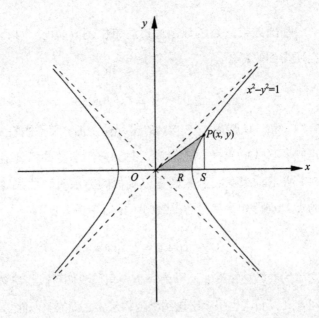

附图 7-2　直角双曲线 $x^2-y^2=1$。如果我们代入 $x=\cosh\varphi$ 和 $y=\sinh\varphi$，
其参数 φ 就可以解释为双曲扇形 POR 面积的两倍

首先，我们注意到式 (1) 中的参数 φ 还可以被认为是一个**圆心角为 φ、半径为 1 的圆扇形面积的两倍**（如附图 7-1 所示）。这是由圆扇形面积公式 $A = r^2\varphi/2$（这一公式只有在 φ 为弧度量时才成立）而得到的。我们现在来证明式 (2) 中的参数 φ 也具有同样的含义，只不过用一个双曲扇形取代了圆扇形。

附图 7-2 中的阴影面积 POR 等于三角形 OPS 与区域 RPS 之间的面积差，其中点 R 和点 S 的坐标值分别为 $(1,0)$ 和 $(x,0)$。前者的面积可用 $xy/2$ 来表示，而后者的面积表达式则为 $\int_1^x y\mathrm{d}x$。将 y 用 $\sqrt{x^2-1}$ 代替，并将积分变量用 t 表示，我们得到：

$$A_{POR} = \frac{x\sqrt{x^2-1}}{2} - \int_1^x \sqrt{t^2-1}\,\mathrm{d}t \qquad (3)$$

要计算定积分 $\int_1^x \sqrt{t^2-1}\mathrm{d}t$，我们做一个代换，令 $t = \cosh u$，于是 $\mathrm{d}t = \sinh u\mathrm{d}u$。这样，积分区间也相应地从 $[1,x]$ 变成 $[0,\varphi]$，其中 $\varphi = \cosh^{-1}x$。如果运用双曲函数恒等式 $\cosh^2 u - \sinh^2 u = 1$，式 (3) 将变成：

$$A_{POR} = \frac{1}{2}\cosh\varphi\sinh\varphi - \int_0^\varphi \sinh^2 u\mathrm{d}u$$

接着，运用双曲函数恒等式 $\sinh 2u = 2\sinh u\cosh u$ 以及 $\sinh^2 u = (\cosh 2u - 1)/2$，最后一个表达式就变成：

$$A_{POR} = \frac{1}{4}\sinh(2\varphi) - \frac{1}{2}\int_0^\varphi [\cosh(2u) - 1]\mathrm{d}u$$
$$= \frac{1}{4}\sinh(2\varphi) - \frac{1}{2}\left[\frac{\sinh(2\varphi)}{2} - \varphi\right] = \frac{\varphi}{2}$$

因此，参数 φ 等于双曲扇形 POR 面积的两倍，这与圆函数的形式是十分相似的。前面提到过，这一现象是文森佐·黎卡提于 1750 年最先注意到的。

e 的小数点后 100 位

e=2.71828 18284 59045 23536
02874 71352 66249 77572
47093 69995 95749 66967
62772 40766 30353 54759
45713 82178 52516 64274

注释及资料来源

第 1 章

[1]   As quoted in George A. Gibson, "Napier and the Invention of Logarithms," in
      *Handbook of the Napier Tercentenary Celebration, or Modern Instruments and Methods
      of Calculation*, ed. E. M. Horsburgh (1914; rpt. Los Angeles: Tomash Publishers, 1982),
      p. 9。

[2]   纳皮尔的名字有 Napair、Neper、Naipper 等多个版本，确切的拼写方法已无法考证。
      参见 Gibson 的 "Napier and the Invention of Logarithms"，p.3。

[3]   家谱是约翰的一位后人 Mark Napier 记录的，名为 *Memoirs of John Napier of
      Merchiston: His Lingeage, Life, and Times*（Edinburgh，1834）。

[4]   P. Hume Brown, "John Napier of Merchiston," in *Napier Tercentenary Memorial
      Volume*, ed. Cargill Gilston Knott (London: Longmans, Green and Company, 1915), p.
      42。

[5]   同上，p.47。

[6]   同上，p.45。

[7]   See David Eugene Smith, "The Law of Exponents in the Works of the Sixteenth
      Century" 收录于 *Napier Tercentenary Memorial Volume*, p. 81。

[8]   早在 14 世纪就有一些数学家提出了负指数和分数指数的概念，不过这些概念在
      数学中的广泛使用还得归功于英国数学家约翰·瓦利斯（1616—1703），以及在
      1676 年提出现代记法 a^{-n} 和 $a^{m/n}$ 的牛顿。参见 Florian Cajori 发表于 *Elementary
      Mathematics*（1928; rpt. La Salle, III.: Open Court, 1951）第 1 卷的 "A History of
      Mathematical Notations"，pp.354-356。

[9]   见注解 [8]。

[10] 经佛兰德科学家 Simon Stevin（即 Stevinius，1548—1620）介绍引入。

[11] Quoted in David Eugene Smith, *A Source Book in Mathematics*（1929; rpt. New

York: Dover, 1959), p. 150。

[12] 关于纳皮尔对数其他方面的一些讨论见附录 1。

[13] 实际上，纳皮尔离发现数字 1/e（定义为 $n \to \infty$ 时表达式 $(1-1/n)^n$ 的极限）已经非常接近了。我们在前面介绍过，他对对数的定义实际上等价于 $N=10^7(1-10^{-7})^L$。如果我们在等式两边分别除以 10^7（这仅仅改变了变量的比例），就会得到等式 $N^*=[(1-10^{-7})10^7]^{L^*}$，其中 $N^*=N/10^7$，$L^*=L/10^7$。因为 $(1-10^{-7})10^7=(1-1/10^7)10^7$ 非常接近于 1/e，所以纳皮尔对数实际上是以 1/e 为底的对数。然而，纳皮尔发现了这一底数（甚至常数 e 本身）的说法实际上是不正确的。我们可以看到，他并没有考虑底数，事实上底数的概念是在引入常用对数（底数为 10）后才逐渐发展起来的。

第 2 章

[1] 引用于 Eric Temple Bell 的 *Men of Mathematics* (1937; rpt. Harmondsworth: Penguin Books, 1965), 2:580，还有 Edward Kasner 和 James Newman 的 *Mathematics and the Imagination* (New York: Simon and the Schuster, 1958), p. 81。最初出现于里利的 *Description of his Life and Times* (1715)。

[2] See George A. Gibson, "Napier's Logarithms and the Change to Briggs's Logarithms"，收录于 *Napier Tercentenary Memorial Volume*, ed. Cargill Gilston Knott (London: Longmans, Green and Company, 1915), p. 111. See also Julian Lowell Coolidge, *The Mathematics of Great Amateurs* (New York: Dover, 1963), ch. 6, esp. pp. 77-79。

[3] 就职演说 "*The Invention of Logarithms*"，收录于 *Napier Tercentenary Memorial Volume*, p. 3。

[4] E. M. Horsburgh 编辑的 *Handbook of the Napier Tercentenary Celebration, or Modern Instruments and Methods of Calculation*（1914; Los Angeles: Tomash Publishers, 1982），p. 16。A 部分详细描述了纳皮尔的生活及工作。

[5] 关于优先权的问题，请参考 Florian Cajori 的 "Algebra in Napier's Day and Alleged Prior Inventions of Logarithms"，收录于 *Napier Tercentenary Memorial Volume*, p. 93。

[6] Joseph Needham, *Science and Civilisation in China* (Cambridge: Cambridge University Press, 1959), 3:52-53。

[7]　David Eugene Smith, *A Source Book in Mathematics* (1929; rpt. New York: Dover, 1959), pp. 160-164。

[8]　Quoted in David Eugene Smith, *History of Mathematics*, 2 vols. (1923; New York: Dover, 1958), 1:393。

[9]　John Aubrey, *Brief Lives*, 2:106 (as quoted by Smith, *History of Mathematics*, 1:393)。

[10]　Quoted in Smith, *A Source Book in Mathematics*, pp. 156-159。

[11]　*New York Times*, 3 January 1982。

[12]　Florian Cajori, *A History of Mathematics* (1893), 2d ed. (New York: Macmillan, 1919), p. 153; Smith, *History of Mathematics*, 2:517。

[13]　首数和尾数的概念是由亨利·布里格斯于 1624 年提出的。单词 mantissa 是一个拉丁语，意思是一个用于称重时凑足重量的东西。参见 David Eugene Smith 的 *History of Mathematics*, 2 vols. (1923; New York: Dover, 1958), 2:514。

第 3 章

[1]　Howard Eves, *An Introduction to the History of Mathematics* (1964; rpt. Philadelphia: Saunders College Publishing, 1983), p. 36。

[2]　Carl B. Boyer, *A History of Mathematics*, rev. ed. (New York: John Wiley, 1989), p. 36。

[3]　同上，p. 35。

[4]　当然，差值是与本金成比例的。如果我们投资的金额是 100 万元而不是 100 元，那么按年复利计算时第一年年底的总金额就变成了 1 050 000 元，相比于每日复利应得的收益 1 051 267.50 元，整整少了 1 267.50 元。所以，富有总是有优势的。

第 4 章

[1]　我们排除了两种情况：一是序列中的所有项都相等，二是我们人为地插入了极限值作为序列中的一项。当然，对于这两种情况，极限定义依然成立。

[2]　David Wells, *The Penguin Dictionary of Curious and Interesting Numbers* (Harmondsworth: Penguin Books, 1986), p. 35。

[3] Ibid., p. 27. See also Heinrich Dorrie, *100 Great Problems of Elementary Mathematics: Their History and Solution,* trans. David Antin (New York: Dover, 1965), pp. 19-21。

[4] Dörrie, *100 Great Problems,* p. 359。

[5] Wells, *Dictionary of Curious and Interesting Numbers,* p. 46。

[6] George F. Simmons, *Calculus with Analytic Geometry* (New York: McGraw- Hill, 1985), p. 737。

[7] Carl B. Boyer, *A History of Mathematics,* rev. ed. (New York: John Wiley, 1989), p. 687。

[8] 同上。

[9] 同上。

[10] Wells, *Dictionary of Curious and Interesting Numbers,* p. 28。

第 5 章

[1] 256/81 也可以写成 $(4/3)^4$。

[2] *The Rhind Mathematical Papyrus,* trans. Arnold Buffum Chace（Reston, Va.: National Council of Teachers of Mathematics, 1978），problems 41-43 and 50.《莱因德纸草书》现陈列于大英博物馆中。

[3] Ronald Calinger, ed. *Classics of Mathematics*（Oak Park, Ill. Moore Publishing Company, 1982），pp. 128-131。

[4] 同上，pp.131-133。

[5] 圆锥曲线还包括圆和一对直线，不过，它们分别属于椭圆和双曲线的特例。我们会在后面谈到圆锥曲线。

[6] 所以，在抛物线的问题中，阿基米德采用双否定的方法（一种间接证明方法，首先假设所要证明的内容是错误的，然后推翻此假设，从而得以证明）证明无穷级数 $1+1/4+1/4^2+\cdots$ 的和不可能大于或小于 $4/3$，所以它必定等于 $4/3$。现在，我们当然可以使用无限几何级数和的计算公式 $1+q+q^2+\cdots=1/(1-q)$，其中 $-1<q<1$，代入得到 $1/(1-1/4)=4/3$。

[7] 阿基米德有一种提前"预测"答案的做法，这在他的专著《方法》中得到了证实。1906 年，哥本哈根大学古典哲学教授海伯格（1854—1928）在土耳其君士坦丁堡

找到一部中世纪手稿，发现了这一专著。这个手稿上写有非常古老的文字，有一些已经褪去。旧文字被证实写于公元 10 世纪，记载着阿基米德的部分著作，其中便有一直被认为已失传的《方法》。这是自古希腊以来，一个不可多得的研究阿基米德证明那些几何理论时的思考方法的绝佳机会，虽然并没有留下任何关于如何发现这些理论的说明。请参考 Thomas L. Heath 的 *The Works of Archimedes*（1897; rpt. New York: Dover, 1953）。这个版本包含了一份 1912 年的附录，即《阿基米德方法》，并附以注释。

[8] 这一主题可参考 Health, *The Works of Archimedes*, ch. 7（"Anticipations by Archimedes of the Integral Calculus"）。

第 6 章

[1] Translated by Henry Crew and Alfonso De Salvio (1914; rpt. New York: Dover, 1914)。

[2] Petr Beckmann, *A History of* π (Boulder, Colo.: Golem Press, 1977), p. 102。

[3] 范·科伊伦的记录已经失传很久。1989 年，两位美国学者在哥伦比亚大学用超级计算机将 π 的值计算到小数点后的 4 亿 8000 万位，如果将这一结果打印出来，这个数字约有 965 千米长。可参考 Bechmann 的著作《π 的历史》中的第 10 章。

[4] 我们对毕达哥拉斯的所知很多都来自于他追随者的著作，而这些著作基本上都完成于他去世后的数百年，因此许多声称揭示他生平"真相"的说法都是值得怀疑的。我们还将在第 15 章中谈到更多关于毕达哥拉斯的事迹。

[5] 正多面体（或柏拉图多面体，Platonic solid）的每个面都是正多边形，而且每个顶点的边数相等。共有 5 种也只有 5 种正多面体：四面体、立方体、八面体、十二面体以及二十面体。古希腊的人们就已经知道这 5 种正多面体了。

第 7 章

[1] 在这本书的印刷过程中，有报道称普林斯顿大学的 Andrew Wiles 最终成功地证明了这一定理（《纽约时报》，1993 年 6 月 24 日）。当时他那尚未公开发表的长达 200 页的证明稿，一定在确定可以证明这一问题之前得到了非常严格的复查。

[2]　See Ronald Calinger, ed., *Classics of Mathematics* (Oak Park, Ill.: Moore Publishing Company, 1982), pp. 336-338。

[3]　我们前面提到的那位将 π 表达为无限次乘积方式的约翰·瓦利斯，也在相同时间独立得到了与费马相同的结果。在 *n* 为正整数时的公式已经为几位更早的数学家们所知晓，其中包括 Bounventura Cavalieri（约 1598—1647），Gilles Persone de Roberval（1602—1675）以及 Evangelista Torricelli（1608—1647），他们都是不可分量法的先行者。关于这个主题可以参考 D. J. Struik 主编的 *A Source Book in Mathematics, 1200-1800*（Cambridge, Mass,: Harvard University Press, 1969），ch. 4。

[4]　实际上，对于 *n=−m*，式 (2) 给出了一个带有负号的面积。这是因为函数 *y=xⁿ* 在 *n > 0* 时随着 *x* 递增，而在 *n < 0* 时随着 *x* 递减。然而，只要我们将面积看成一个绝对值（如同我们处理距离时那样），这一负号就变得不再重要了。

[5]　费马和瓦利斯都将式 (2) 推广到了 *n* 为分数 *p/q* 的情形。

[6]　Calinger, ed., *Classics of Mathematics*, p. 337。

[7]　Margaret E. Baron, *The Origins of the infinitesimal Calculus* (1969: rpt. New York: Dover, 1987)，p. 147。

[8]　关于双曲线投影面积及其与对数的关系，可以参考 Julian Lowell Coolidge 的 *The Mathematics of Great Amateurs*(1949: rpt. New York: Dover, 1963), pp. 141-146。

[9]　微分的起源将会在下一章中讨论。

第 8 章

[1]　他是现代社会最为著名的科学家，生活及工作的方方面面都被完整地记了下来。正因为如此，本章中关于牛顿的数学发明都没有给出明确的参考来源。这些研究牛顿的作品中，最权威的恐怕要属 Richard S. Westfall 所著的包含大量文献的 *Never at Rest: A Biography of Isaac Newton*（剑桥大学出版社，1980），以及 D.T. Whiteside 编辑的共 8 卷的 *The Mathematical Papers of Isaac Newton*（剑桥大学出版社，1967—1984）。

[2]　我们会想起近代社会的另外一名隐士——阿尔伯特·爱因斯坦。后来，牛顿和爱因斯坦的社会地位都非常显赫，并且都在他们的数学成果日趋减少时，参与到了政治和社会活动中。在牛顿 54 岁那年，他接受英国皇家造币厂的邀请成为监督官；

61 岁时，他被选为皇家学会的会长，并担任此职直至终老。在爱因斯坦 73 岁时，以色列政府邀请他担任总统，不过他拒绝了。

[3] 我们再次想起爱因斯坦，他在瑞士伯恩专利局享受安逸生活时，形成了他的狭义相对论。

[4] 这些系数可以写成 1, 1/2, $-1/(2\times4)$, $(1\times3)/(2\times4\times6)$, $-(1\times3\times5)/(2\times4\times6\times8)$, …。

[5] 实际上，牛顿使用过 $(1-x^2)^{1/2}$ 序列，这一序列可从序列 $(1+x)^{1/2}$ 中通过将 x 替换为 $-x^2$ 获得。他对这一特定序列的关注归根结底是因为，函数 $y=(1-x^2)^{1/2}$ 实质上表述的是单位圆 $x^2+y^2=1$ 的上半部分。这一序列早就被瓦利斯所熟知。

[6] 然而，这一序列的变体 $\lg[(1+x)/(1-x)]=2(x+x^3/3+x^5/5+\cdots)$ 在 $-1<x<1$ 时收敛得更快。

[7] 他与佛兰德绘图家麦卡托（1512—1594，著名的麦卡托地图投影的发明人）毫无关联。

[8] 若需了解这些原因，请参考 W. W. Rouse Ball 的 *A Short Account of the History of Mathematics* (1908; rpt. New York: Dover, 1960), pp.336-337。

[9] 同上，pp.269-370。我们又一次提起爱因斯坦。据说 1916 年他发表广义相对论时，仅有 10 位科学家能够理解。

第 9 章

[1] 这一论据假设函数在点 P 处**连续**，即函数的图像在该点没有突变。存在不连续点的函数没有导数。

[2] "导数"一词来源于约瑟夫·路易斯·拉格朗日（1735—1813），他还引入符号 $f'(x)$ 来表示函数 $f(x)$ 的导数，详情请参考"记法的发展史"。

[3] 这一结果来自于这样一个事实：x 的一个增量 Δx 会导致 u 增加 Δu，v 增加 Δv，因此 y 的增量 $\Delta y=(u+\Delta u)(v+\Delta v)-uv=u\Delta v+v\Delta u+\Delta u\Delta v$。既然（按照莱布尼茨的解释）$\Delta u$ 和 Δv 都非常小，那么它们的乘积 $\Delta u\Delta v$ 相比式中的其他项而言就小得多了，因此这一项可以被忽略。所以我们得到了 $\Delta y\approx u\Delta v+v\Delta u$ 的结果，其中≈代表"近似等于"。将等式两边同时除以 Δx，并使其趋于 0（同时将式中的 Δ 用 d 来代替），我们就得到了想要的结果。

[4] 从严格意义上来讲，我们必须分清函数 $y=f(x)$ 中作为独立变量的 x 和面积函数 $A(x)$ 中的变量 x。在第 8 章中，我们用字母 t 来区分这种差别；基本原理的表述形式是 $dA/dt=f(t)$。然而，在不引起混淆的前提下，用同一个字母来指代两种变量是非常常见的。这里我们遵循了这种习惯做法。

[5] 符号 $\int_a^b f(x)dx$ 被称为函数 $f(x)$ 从 $x=a$ 到 $x=b$ 的 **定积分**，其中形容词"定"指的是这一积分过程不涉及任意常数。实际上，如果 $F(x)$ 是 $f(x)$ 的一个反导函数，我们就可以得到 $\int_a^b f(x)dx=[F(x)+c]_{x=b}-[F(x)+c]_{x=a}=[F(b)+c]-[F(a)+c]=F(b)-F(a)$，因此其中的常数 c 就被消去了。

[6] 注意，这里所得到的结果是指抛物线 $y=x^2$ 与 x 轴以及垂线 $x=0$ 和 $x=1$ 所围成图形的面积，而阿基米德的结果（见第 5 章）给出的却是抛物线内的扇形面积。稍微思考一下就可以知道，这两个结果其实是等价的。

[7] Quoted in Forest Ray Moulton, *An Introduction to Astronomy* (New York: Macmillan, 1928), p. 234。

[8] Quoted in W. W. Rouse Ball, *A Short Account of the History of Mathematics* (1908; rpt. New York: Dover, 1960), pp. 359-60。

[9] See Julian Lowell Coolidge, *The Mathematics of Great Amateurs* (1949; rpt. New York: Dover, 1963), pp. 154-163, and D. J. Struik, ed., A *Source Book in Mathematics*, 1200—1800 (Cambridge, Mass.: Harvard University Press, 1969), pp. 312-316。

[10] 请参见 Murray R. Spiegel 的 *Applied Differential Equations*, 2d ed. (Englewood Cliffs, N. J. Prentice-Hall, 1981), pp.168-169，204-211。要了解微分记法发展史的详情，请参考 Florian Cajori, *A History of Mathematical Notations*, vol. 2，*Higher Mathematics* (1929; rpt. La Salle, Ill.: Open Court, 1951). pp.196-242。

第 10 章

[1] 如果底数是 0 和 1 之间的数，如 0.5，相应的图形将是图 10-1 的镜像翻转：它从左向右递减，且在 $x \to \infty$ 时接近 x 的正半轴。这是因为表达式 $y=(0.5)^x=(1/2)^x$ 可以写成 2^{-x}，而它的图形就是函数 $y=2^x$ 的图形以 y 轴为对称轴的轴对称图形。

[2] See, for example, Edmund Landau, *Differential and Integral Calculus* (1934), trans. Melvin Hausner and Martin Davis (1950; rpt. New York: Chelsea Publishing Company,

1965), p. 41。

[3] 事实上，我们在第 4 章已经定义了 e 为 $(1+1/n)^n$ 在 $n \to \infty$（n 为**整数**）时的极限值。然而，当 n 在所有**实数**范围内（也就是说，n 为连续变量）趋于无穷大时，上述的定义依然成立。这是因为函数 $f(x)=(1+1/x)^x$ 对所有的 $x > 0$ 都是连续的。

[4] 如果特征方程有一个**二重根** m（即两个根相等），微分方程的通解就可以写成 $y=(A+Bt)e^{mt}$。举个例子，微分方程 $d^2y/dt^2-4dy/dt+4y=0$，它的特征方程 $m^2-4m+4=(m-2)^2=0$ 具有二重根 $m=2$，因此微分方程的解为 $y=(A+Bt)e^{2t}$。要了解求解的细节，请参见任意一本正规的微分方程教科书。

[5] 这一符号多少有些悲剧性，因为它非常容易与 $1/f(x)$ 相混淆。

[6] 在函数 $y=x^2$ 中，限定 $x \geq 0$ 是为了确保不会让同一个 y 值对应两个不同的 x 值。否则该函数将不会有唯一的反函数，例如 $3^2=(-3)^2=9$。用代数学术语表示就是，在 $x \geq 0$ 时，方程 $y=x^2$ 为一对一函数。

[7] 此结果给出了自然对数函数的另一种定义，详见附录 5。

[8] See, however, John B. Hearnshow, "Origins of the Stellar Magnitude Scale," *Sky and Telescope* (November 1992); Andrew T. Young, "How We Perceive Star Brightnesses," *Sky and Telescope* (March 1990); and S. S. Stevens, "To Honor Fechner and Repeal his Law," *Science* (January 1961)。

第 11 章

[1] 参考第 9 章的第 9 条注解。

[2] Quoted in Eric Temple Bell, *Men of Mathematics*, 2 vols. (1937; rpt. Harmondsworth: Penguin Books, 1965), 1:146。

[3] 瑞士出版商 Birkhäuser 已经获得了伯努利家族科学研究及相关成果的出版权。

[4] Bell, *Men of Mathematics*, 1:150; also Robert Edouard Moritz, *On Mathematics and Mathematicians (Memorabilia Mathematica)* (1914; rpt. New York: Dover, 1942), p.143。

[5] Quoted in Thomas Hill, *The Uses of Mathesis*, Bibliotheca Sacra, vol. 32, pp. 515-516, as quoted by Moritz, *On Mathematics and Mathematicians,* pp. 144-145。

[6] 弦的振动是横贯整个 18 世纪的经典数学物理问题。当时的顶尖数学家都为解决这个问题做出过贡献，比如伯努利、欧拉、达朗贝尔和拉格朗日。这一问题最终由

约瑟夫·傅里叶（1768—1830）于 1822 年解决。

[7] 巴赫并不是思考这种音符排布方法的第一人。早在 16 世纪，人们就试图得到一种"正确"的调音体系，1691 年乐器制造者 Andreas Werckmeister 提出了"平均律"音程。而巴赫对"平均律"的广泛传播具有非常重要的意义。参见 *The New Grove Dictionary of Music and Musicians*, vol.18 (London: Macmillan, 1980), pp. 664-666 and 669-670。

[8] 比率 16：15 的值为 1.067，而这一比率的小数值约为 1.059。尽管依然在听觉范围之内，这一细微的差别对大部分听众而言都可以被忽略。在独唱或独奏时，演唱者或者弦乐器演奏者还是倾向于使用纯律。

[9] 本章中引用的所有内容都列在了参考文献目录中。

[10] 要了解关于埃舍尔作品中对数螺线的详细讨论，请参见我的书 *To Infinity and Beyond: A Cultural History of the Infinite* (1987; rpt. Princeton: Princeton University Press, 1991)。

第 12 章

[1] 引用于 C. Truesdell, *The Rational Mechanics of Flexible or Elastic Bodies,* 1628—1788 (Switzerland: Orell Fussli Turici, 1960), p.64. 该文献中还包含了惠更斯、莱布尼茨以及约翰·伯努利三人对悬链线方程的具体推导过程。

[2] 同上，pp. 75-76。

[3] 为了公平起见，我们有必要提一下，雅各布·伯努利在约翰·伯努利方法的基础上得到了可变长的悬链线的解。他还证明了一条悬挂的链子所有可能的形状，悬链线是其中重心最低的一种——这也表明自然界在创造它的外形时使得它的势能最小。

[4] Ludwig Otto Spiess，引用于 Trusdell 的 *Rational Mechanics*, p.66。

[5] 要了解悬链线问题的解，可考虑 Georfe F. Simmons, *Calculus with Analytic Geometry* (New York: McGraw-Hill, 1985), pp. 716-717。

[6] 引用于 Trusdell, *Rational Mechanics*, p.69。

[7] 无论如何请注意，双曲函数中的变量 φ 不再像三角函数中那样表示一个角了。它的几何含义可参考附录 7。

[8] 然而，在第 14 章中，我们将会看到双曲函数有一个虚周期 $2\pi i$，其中 $i=\sqrt{-1}$。

第 13 章

[1] David Eugene Smith, *A Source Book in Mathematics* (1929; rpt. New York: Dover, 1959), pp. 95。

[2] 更多细节请参考我所撰写的书 *To Infinity and Beyond: A Cultural History of the Infinite* (1987; rpt. Princeton: Princeton University Press, 1991), pp. 29-39。

[3] 然而欧拉并不是第一个得到这一公式的人。1710 年左右，曾经帮助过牛顿编辑《原理（第 2 版）》一书的英国数学家科茨（1682—1716）推导出公式 $\lg(\cos\varphi + i\sin\varphi) = i\varphi$，这一结果与欧拉公式是等价的。这一结果出现在科茨去世后 1722 年出版的 *harmonia mensuarum* 一书中。棣莫弗（1677—1754）发现了著名的公式 $(\cos\varphi + i\sin\varphi)^n = \cos(n\varphi) + i\sin(n\varphi)$，不过它在欧拉公式的光辉下变成了恒等式 $(e^{i\varphi})^n = e^{in\varphi}$。棣莫弗出生于法国，不过基本是在伦敦度过的一生，和科茨一样，他也属于牛顿阵营中的一员，并作为皇家学会委员参与调查牛顿与莱布尼茨之间关于微积分之争的优先权问题。

[4] 诚然，欧拉也会犯错。例如，对恒等式 $x/(1-x) + x/(x-1) = 0$，他对其中的每一项进行无穷项分解，从而得到等式 $\cdots + 1/x^2 + 1/x + 1 + x + x^2 + \cdots = 0$，这一解显然是错误的。因为序列 $1 + 1/x + 1/x^2 + \cdots$ 只有在 $|x| > 1$ 的时候才收敛，而序列 $x + x^2 + \cdots$ 只有在 $|x| < 1$ 时才会收敛，因此将这两个序列简单地相加是没有意义的。欧拉的这一无心之过是因为他将无限序列的值看成用序列所表示的函数值。现在我们都明白，只有在序列收敛的范围内，这种证明才是有效的。参考 Morris Kline 的 *Mathematics: The Loss of Certainty* (New York: Oxford University Press, 1980), pp. 140-145。

[5] 同上，ch. 6。

[6] (New York: Simon and Schuster, 1940), pp. 103-104。皮尔斯对欧拉公式的赞赏使他提出了两个非常不一般的符号：π 和 e。

[7] David Eugene Smith, *History of Mathematics*, 2 vols. (1923; rpt, New York: Dover, 1958), 1:532。

[8] 这一方程以及本杰明·皮尔斯的 $e^\pi = (-1)^{-i}$ 都可以从欧拉公式中推导出来。

[9] Florian Cajori, *A History of Mathematical Notations*, vol. 2, *Higher Mathe- matics* (1929; rpt. La Salle, III.: Open Court. 1929), pp. 14-15。

第 14 章

[1] Quoted in Robert Edouard Moritz, *On Mathematics and Mathematicians (Memorabilia Mathematica)* (1914; rpt. New York: Dover, 1942), p.282。

[2] 要了解负数和复数的历史，请参考 Morris Kline 的 *Mathematics: The Loss of Certainty* (New York: Oxford University Press, 1980), pp. 114-121 和 David Engene Smith, *History of Mathematics*, 2 vols. (1923; rpt. New York: Dover, 1958), 2:257-260。

[3] 实际上高斯给出了 4 种不同的证明方法，最后一种是在 1850 年得出的。其中第二种证明可参阅 David Engene Smith 的 *A Source Book in Mathematics* (1929; rpt. New York: Dover, 1959). pp. 292-360。

[4] 即使多项式的系数为复数，这一定理也是成立的。例如，多项式 $x^3 - 2(1+\mathrm{i})x^2 + (1+4\mathrm{i})x - 2\mathrm{i}$ 有 3 个根，分别为 1、1 和 2i。

[5] 不满足该条件的一个例子就是绝对值函数 $y = |x|$，它的图形在原点处形成了一个 45° 角。如果要寻找它在点 $x = 0$ 处的导数，我们会得到两个不同的结果 1 和 −1，这两种结果取决于我们是从右侧还是从左侧实现 $x \to 0$。这个函数在 $x = 0$ 处具有一个 "右导数" 和一个 "左导数"，但却不是一个单一的导数。

[6] 参考任何一本关于复变函数的图书。

[7] 这一点可以通过这种方式加以验证：从 $\mathrm{e}^w \times \mathrm{e}^z$ 开始，将每个因子用式 (2) 中右边的部分代入，然后运用正弦函数和余弦函数的相加法则。

[8] 更多关于负数和虚数的对数的讨论可以查阅 Florian Cajori 的 *A History of Mathematics* (1894), 2d ed. (New York: Macmillan, 1919), pp. 235-237。

[9] 然而，这只能在二维中完成。在三维的情形下需要运用一些其他的方法，比如向量微积分，具体可参阅 Erwin Kreyszig 的 *Advanced Engineering Mathematics* (New York: John Wiley, 1979), pp. 551-558 和第 18 章。

[10] *Focus* (newsletter of Mathematical Association of America), Decemeber 1997, p. 1。

[11] David M. Burton, *Elementary Number Theory* (Dubuque, Iowa: Wm. C. Brown, 1994), p. 53。

[12] 关于哥德巴赫猜想的历史，请参考 Burton, pp. 52-56, 124。

[13] 我们称 $\pi(x)$ 逐渐地接近 $1/\ln x$。

[14] 在整数和数字 $\pi = 3.14\cdots$ 之间存在某种相似性，比如在瓦利斯乘积中的相似性（见第 6 章）。

[15]   London: Oxford University Press, 1941。

第 15 章

[1]   B. L. van der Waerden, *Science Awakening: Egyptian, Babylonian, and Greek Mathematics*, trans. Arnold Dresden (New York: John Wiley, 1963), pp. 92-102。

[2]   See, for example, George F. Simmons, *Calculus with Analytic Geometry* (New York: McGraw-Hill, 1985), pp. 734-739。

[3]   e 无理性的一种证明方法，可参见附录 2。

[4]   朗伯特经常将双曲函数引入到数学中，不过黎卡提似乎比他更早（见第 12 章）。

[5]   结果就是，指数曲线 $y=e^x$ 在平面中不经过任何代数点，除了点 $(0,1)$（所谓代数点就是 x 坐标和 y 坐标都是代数数的点）。引用 Heinrich Dörrie 的话："既然代数点在平面中密集存在，指数函数完成了将所有这些点分开而完全不接触到它们的超难任务。自然，对数曲线 $y=\ln x$ 也是如此。"（Dorrie, *100 Great Problems of Elementary Mathematics: Their History and Solution*, trans. David Antin [1958; rpt. New York: Dover, 1965], p. 136）。

[6]   参见 David Eugene Smith 的 *A Source Book in Mathematics* (1929; rpt. New York: Dover, 1959), pp. 99-106。要了解埃尔米特证明的希尔伯特简化版，请参阅 Simmons 的 *Calculus with Analytic Geometry*, pp. 737-739。

[7]   Quoted in Simmons, *Calculus with Analytic Geometry*, p. 843。

[8]   要了解林德曼证明的简化版，请参阅 Dorrie 的 *100 Great Problems*, pp. 128-137。

[9]   See Richard Courant and Herbert Robbins, *What Is Mathematics?* (1941; rpt. London: Oxford University Press, 1941), pp. 127-140。

[10]   C. C. Gillispie, editor (New York: Charles Seribner's Sons, 1972)。

[11]   关于费马大定理的最新证明可参见第 7 章的第 1 条注解。

[12]   David Slowinski 和 William Christi 的海报 *Computer e* (Palo Alto, Calif.: Creative Publications, 1981) 将 e 计算到小数点后 4 030 位。另一份竞争性海报 Stephen J. Rogowski 和 Dan Pasco 的 *Computer* π（1979）给出了 π 小数点后的 8 182 位。

[13]   See, for example，Howard Eves, *An Introduction to the History of Mathematics* (1964; rpt. Philadelphia: Saunders College Publishing, 1983), pp. 89 and 97。

[14] Edward Teller, Wendy Teller and Wilson Talley, *Conversation on the Dark Secrets of Physics* (New York and London: Plenum Press, 1991). p. 87。

[15] 参见 Ronald Calinger 主编的 *Classics of Mathematics* (Oak Park, III.: Moore Publishing Company, 1982), pp. 653-677。希尔伯特的第 7 个问题在第 667 页。

[16] 关于康拓的工作可以参见我的书，*To Infinity and Beyond: A Cultural History of the Infinite* (1987; rpt. Princeton: Princeton University Press, 1991), chs. 9 and 10。

附录 1

[1] 纳皮尔的《奇妙对数表的构建》一文的摘录和注解参见 Ronald Calinger, ed., *Classics of Mathematics* (Oak Park, III,: Moore Publishing Company, 1982), pp. 254-260 以 及 D. J. Struik, ed., *A Source Book in Mathematics*, 1200—1800 (Cambridge, Mass.: Harvard University Press, 1969), pp. 11-21。还可参考赖特 1616 年对纳皮尔《奇妙对数表的描述》一书的英文翻译版：*A Description of the Admirable Table of Logarithms* (Amsterdam: Da Capo Press, 1969), ch. 1。

[2] Carl B. Boyer, *A History of Mathematics*, rev. ed. (1968; rpt. New York: John Wiley, 1989), pp. 349-350。

附录 2

[1] Richard Courant and Herbert Robbins, *What is Mathematics*? (1941: rpt. London: Oxford University Press, 1969), pp. 298-299。

附录 3

[1] 积分变量 x 是一个"虚变量"，它可以用任何字母来代替，只要不与已存在的其他字母相冲突就行。

附录 4

[1] 要了解完整的内容，可参考 Edmund Landau 的 *Differential and Integral Calculus* (New York: Chelsea Publishing Company, 1965), pp. 39-48。

附录 5

[1] 如果 $0<x<1$，我们将认为这一面积为负数。然而函数 $A(x)$ 的定义中并不包括 $x=0$ 或 x 为负值的情形，这是因为 $1/x$ 的图形在 $x=0$ 处有无限大的非连续性。

[2] See Richard Courant, *Differential and Integral Calculus*, vol. 1 (London: Blackie and Son, 1956), pp. 167-177。

[3] See Murray R. Spiegel, *Mathematical Handbook of Formulas and Tables*, Schaum's Outline Series, (New York: McGraw-Hill, 1968), pp. 183 and 251。

附录 8

[1] *Encyclopedia Dictionary of Mathematics*, The Mathematical Society of Japan (Cambridge, Mass.: MIT Press, 1980)。

参 考 文 献

Ball, W. W. Rouse. *A Short Account of the History of Mathematics*. 1908. Rpt. New York: Dover, 1960.

Baron, Margaret E. *The Origins of the Infinitesimal Calculus*. 1969. Rpt. New York: Dover, 1987.

Beckmann, Petr. *A History of* π. Boulder, Colo.: Golem Press, 1977.

Bell, Eric Temple. *Men of Mathematics*, 2 vols. 1937. Rpt. Harmondsworth: Penguin Books, 1965.

Boyer, Carl B. *History of Analytic Geometry*: *Its Development from the Pyramids to the Heroic Age*. 1956. Rpt. Princeton Junction, N.J.: Scholar's Bookshelf, 1988.

——. *A History of Mathematics* (1968). Rev. ed. New York: John Wiley, 1989.

——. *The History of the Calculus and its Conceptual Development*. New York: Dover, 1959.

Broad, Charlie Dunbar. *Leibniz: An Introduction*. London: Cambridge University Press, 1975.

Burton, David M. *The History of Mathematics*: *An Introduction*. Boston: Allyn and Bacon, 1985.

Cajori, Florian. *A History of Mathematics* (1893). 2d ed. New York: Macmillan, 1919.

——. *A History of Mathematical Notations*. *Vol. 1: Elementary Mathematics*. Vol. 2, *Higher Mathematics*. 1928—1929. Rpt. La Salle, Ill.: Open Court, 1951.

——. *A History of the Logarithmic Slide Rule and Allied Instruments*. New York: The Engineering News Publishing Company, 1909.

Calinger, Ronald, ed. *Classics of Mathematics*. Oak Park, Ill.: Moore Publishing Company, 1982.

Christianson, Gale E. *In the Presence of the Creation*: *Isaac Newton and His Times*. New York: Free Press, 1984.

Cook, Theodore Andrea. *The Curves of Life: Being an Account of Spiral Formations and Their Application to Growth in Nature, to Science and to Art*. 1914. Rpt. New York:

Dover, 1979.

Coolidge, Julian Lowell. *The Mathematics of Great Amateurs*. 1949. Rpt. New York: Dover, 1963.

Courant, Richard. *Differential and Integral Calculus*, 2 vols. 1934. Rpt. London: Blackie and Son, 1956.

Courant, Richard, and Herbert Robbins. *What Is Mathematics?* 1941. Rpt. London: Oxford University Press, 1969.

Dantzig, Tobias. *Number: The Language of Science*. 1930. Rpt. New York: Free Press, 1954.

Descartes, René. *La Géométrie* (1637). Trans. David Eugene Smith and Marcia L. Latham. New York: Dover, 1954.

Dörrie, Heinrich. *100 Great Problems of Elementary Mathematics: Their History and Solution*. Trans. David Antin. 1958. Rpt. New York: Dover, 1965.

Edwards, Edward B. *Pattern and Design with Dynamic Symmetry*. 1932. Rpt. New York: Dover, 1967.

Eves, Howard. *An Introduction to the History of Mathematics*. 1964. Rpt. Philadelphia: Saunders College Publishing, 1983.

Fauvel, John, Raymond Flood, Michael Shortland, and Robin Wilson, eds. *Let Newton Be!* New York: Oxford University Press, 1988.

Geiringer, Karl. *The Bach Family: Seven Generations of Creative Genius*. London: Allen and Unwin, 1954.

Ghyka, Matila. *The Geometry of Art and Life*. 1946. Rpt. New York: Dover, 1977.

Gillispie, Charles Coulston, ed. *Dictionary of Scientific Biography*. 16 vols. New York: Charles Scribner's Sons, 1970—1980.

Gjersten, Derek. *The Newton Handbook*. London: Routledge and Kegan Paul, 1986.

Hall, A. R. *Philosophers at War: The Quarrel between Newton and Leibniz*. Cambridge: Cambridge University Press, 1980.

Hambidge, Jay. *The Elements of Dynamic Symmetry*. 1926. Rpt. New York: Dover, 1967.

Heath, Thomas L. *The Works of Archimedes*. 1897; with supplement, 1912. Rpt. New York: Dover, 1953.

Hollingdale, Stuart. *Makers of Mathematics*. Harmondsworth: Penguin Books, 1989.

Horsburgh, E. M., ed. *Handbook of the Napier Tercentenary Celebration, or Modern*

Instruments and Methods of Calculation. 1914. Rpt. Los Angeles: Tomash Publishers, 1982.

Huntley, H. E. The Divine Proportion: A Study in Mathematical Beauty. New York: Dover, 1970.

Klein, Felix. Famous Problems of Elementary Geometry (1895). Trans. Wooster Woodruff Beman and David Eugene Smith. New York: Dover, 1956.

Kline, Morris. Mathematical Thought from Ancient to Modern Times. New York: Oxford University Press, 1972.

——. Mathematics: The Loss of Certainty. New York: Oxford University Press, 1980.

Knopp, Konrad. Elements of the Theory of Functions. Trans. Frederick Bagemihl. New York: Dover, 1952.

Knott, Cargill Gilston, ed. Napier Tercentenary Memorial Volume. London: Longmans, Green and Company, 1915.

Koestler, Arthur. The Watershed: A Biography of Johannes Kepler. 1959. Rpt. New York: Doubleday, Anchor Books, 1960.

Kramer, Edna E. The Nature and Growth of Modern Mathematics. 1970. Rpt. Princeton: Princeton University Press, 1981.

Lützen, Jesper. Joseph Liouville, 1809—1882: Master of Pure and Applied Mathematics. New York: Springer-Verlag, 1990.

MacDonnell, Joseph, S.J. Jesuit Geometers. St. Louis: Institute of Jesuit Sources, and Vatican City: Vatican Observatory Publications, 1989.

Manuel, Frank E. A Portrait of Issac Newton. Cambridge, Mass.: Harvard University Press, 1968.

Maor, Eli. To Infinity and Beyond: A Cultural History of the Infinite. 1987. Rpt. Princeton: Princeton University Press, 1991.

Nepair, John. A Description of the Admirable Table of Logarithms. Trans. Edward Wright. [London, 1616]. Facsimile ed. Amsterdam: Da Capo Press, 1969.

Neugebauer, Otto. The Exact Sciences in Antiquity. 2d ed., 1957. Rpt. New York: Dover, 1969.

Pedoe, Dan. Geometry and the Liberal Arts. New York: St. Martin's, 1976.

Runion, Garth E. The Golden Section and Related Curiosa. Glenview, Ill.:Scott, Foresman and Company, 1972.

Sanford, Vera. *A Short History of Mathematics*. 1930. Cambridge, Mass.: Houghton Mifflin, 1958.

Simmons, George F. *Calculus with Analytic Geometry*. New York: McGraw- Hill, 1985.

Smith, David Eugene. *History of Mathematics*. Vol. 1: *General Survey of the History of Elementary Mathematics*. Vol. 2: *Special Topics of Elementary Mathematics*. 1923. Rpt. New York: Dover, 1958.

——. *A Source Book in Mathematics*. 1929. Rpt. New York: Dover, 1959. Struik, D. J., ed. *A Source Book in Mathematics, 1200—1800*. Cambridge, Mass.: Harvard University Press, 1969.

Taylor, C. A. *The Physics of Musical Sounds*. London: English Universities Press, 1965.

Thompson, D' Arcy W. *On Growth and Form*. 1917. Rpt. London and New York: Cambridge University Press, 1961.

Thompson, J. E. A *Manual of the Slide Rule: Its History, Principle and Operation*. 1930. Rpt. New York: Van Nostrand Company, 1944.

Toeplitz, Otto. *The Calculus: A Genetic Approach*. Trans. Luise Lange. 1949. Rpt. Chicago: University of Chicago Press, 1981.

Truesdell, C. *The Rational Mechanics of Flexible or Elastic Bodies*, 1638—1788. Switzerland: Orell Füssli Turici, 1960.

Turnbull, H. W. *The Mathematical Discoveries of Newton*. London: Blackie and Son, 1945.

van der Waerden, B. L. *Science Awakening* (1954). Trans. Arnold Dresden. 1961. Rpt. New York: John Wiley, 1963.

Wells, David. *The Penguin Dictionary of Curious and Interesting Numbers*. Harmondsworth: Penguin Books, 1986.

Westfall, Richard S. *Never at Rest: A Biography of Isaac Newton*. Cambridge: Cambridge University Press, 1980.

Whiteside, D. T., ed. *The Mathematical Papers of Isaac Newton*. 8 vols. Cambridge: Cambridge University Press, 1967—1984.

Yates, Robert C. *Curves and Their Properties*. 1952. Rpt. Reston, Va.: National Council of Teachers of Mathematics, 1974.